U0030606

東門市場三代肉舖接班人的

豚食好滋味

采婕
Charlene
著

前言

不只是公主
更是專業的豬肉達人

耳濡目染地喜歡上做菜這件事

家裡的事業是從奶奶開始的。

據奶奶說，她從小學開始，就要墊著板凳站在上面幫助家裡做生意，因此奶奶對肉的品質有很敏銳的判斷能力和精良的切割、處理手藝，她能講得一口關於豬肉的好料理，但是其實廚藝卻是一點都不精的，反而是經常會有客人買了肉回去烹調，又拿到攤位跟奶奶分享，所以我們家總是可以吃到各種豬肉料理而成的家常手藝。

而我們家，由於市場生意繁忙，從爸爸那一代起，家裡就請了家事阿姨全天候幫忙，幾十年下來，我們相處得跟一家人一樣

年輕時的奶奶

約 30 年前的攤位照片

了。家裡的飯菜都是家事阿姨料理的，從小我就對煮飯這件事情感興趣，所以我常跟在阿姨身邊，從幫忙洗碗開始，收拾周邊瑣碎工作、跟著她去市場買菜、準備食材，到一道道色香味俱全的料理完成，我就這樣慢慢地摸索料理這件事情。

　　現在回想起來，那些跟在阿姨身邊所接觸的，之後都成為現在可以在烹調上有所心得的助力。也剛好現在回到家裡工作，附近攤商不管是菜販叔伯還是海鮮攤位的阿姨嬸嬸，他們也都跟當時的奶奶一樣，可以給出最佳的調理建議，因為，再也沒有誰，會比他們更瞭解自己銷售的食材了，對我來說，這也是另一種值得學習的專業。

 接手豬肉攤的契機

　　唸大學時的工作是在外商銀行當行政助理，是一份單純而穩

定的工作，家中長輩對我們這些孩子的期許，也只希望我們安穩
的工作、生活，並沒有期待我們一定要成為多麼有成就的職場強
人，只是我覺得應該要給自己多一點機會，去接觸更寬廣的世界，
所以選擇了短暫的遊學。

不過這趟遊學其實是「旅遊」大於「學習」，這段旅程中我
認識了許多朋友，在國外生活了幾個月後開心的回到台灣，還是
必須要面臨尋找下一份工作的現實。

那一天，家裡的師傅説，既然我還沒有去上班，不然沒事的
話假日就先來攤子幫忙吧，假日實在是忙不過來。我才想到之前
除了有正職工作的我之外，妹妹們假日都會回家幫忙的。後來妹
妹在幫忙時不小心受傷了，長輩們雖然知道缺人手，但怕我們危
險所以也就不再提要我們回家幫忙這件事。因此這次我聽了師傅
的建議，決定平日先去實習，避免假日手忙腳亂反而給大家添麻
煩。於是我從找零、秤重學起，就這樣開始了我的攤位生活。

🐷 心路歷程

　　雖然一開始姑姑和爸爸一樣不讓我碰刀，所以我只能利用沒有客人的時間自己練習簡單的刀法，就這樣一路做到現在已經五年了，慢慢地我也開始能夠獨當一面。

　　跟市場做生意的其他家庭不太一樣的地方是，我們從小完全都沒有被要求去市場幫忙過，長輩們只希望我們把自己的功課做好，把自己和弟弟妹妹相互照顧好，所以我對家裡的事業也僅止於大節日幫忙刮刮豬腳、豬耳朵，或是幫學校老師順手送他們買的肉。

　　從小到大讓我印象深刻的一件事，是某天我在攤位抓著豬耳朵刮毛時，剛好同學帶了幾個朋友來攤子前，他們笑著說：「她真的在殺豬耶！」那次的事情其實讓我有點受傷，因此之後我總是挑沒有人的時間才願意到攤位幫忙。直到長大後才能理解這就是一份工作，更是扶養我們一家三代的家業，對我們家來說，這是一份滋養

東門市場三代肉舖接班人的豚食好滋味

全家族的事業，有著值得被呵護和珍惜的內涵，那不是穿得光鮮
亮麗的其他行業可以比擬的，因此我開始期許自己在傳統市場可
以把這份工作的價值做的超乎想像。

　　「做得超乎期待」的觀念其實也是奶奶傳承下來的，大家覺
得傳統市場髒亂，我們收攤時就要收得更乾淨；大家覺得我們身
上很油膩手很髒，我們就穿淺色的衣服把自己打點的更清爽順眼，
讓大家知道其實這工作不是只有全身油膩、肉味充斥；把手、手
指甲保持乾淨，客人拿到錢的感覺也會不一樣；陳列檯面擺得整
整齊齊肉用鐵盤裝著，每個部位陳列的清清楚楚。相信客人會看
出我們的用心與不同，也因此，很長一段時間裡，只要媒體有提
到跟豬肉相關的議題，奶奶跟家裡的攤子也總是會在電視上出現。

　　當關於我的報導在新聞播出之後，很多人說我是一片孝心或
是年紀輕輕的女孩願意回家幫忙很難得，但我認為這一切再尋常

不過，一直以來我只是一個普通的女生，從沒想過原來大家會認為年輕女孩在傳統市場工作是一件特別的事，甚至還有人說我是因為想紅所以才這樣的作秀，大眾對我的看法我不想多作說明，只期許自己繼續做該做的事，其他的就交給時間來證明了。

接受採訪參加節目錄影曝光自己，其實都是經過篩選的，成為網紅或者走鎂光燈的演藝路線並不是我的主要目標，只希望我的曝光能夠幫助家裡的生意，以及讓更多人認識我們這樣的行業型態。

而我也期許自己能傳承並延續傳統市場具有濃厚人情味的特色，因此加入了網路媒體優勢和多樣化行銷來拓展市場文化。根據經驗，我發現大部分的料理新手來市場採買前，雖然都會先上網搜尋資料做好功課，但網路資訊大多是零散的，我去書店翻看了許多食譜書，雖然這類書籍很多，但似乎還沒有一本書籍是完整記錄從攤位挑選肉品的方法、豬肉各部位的說明，以及如何在家處理各部位肉品到料理上桌的教學。因此我把在市場上客人最常遇到的問題整理記錄下來，並寫成這一本書，希望能讓更多人透過這本書，了解並支持台灣的傳統產業和庶民生活樣貌。

最後，很謝謝大家給我一個這麼可愛的「豬肉公主」稱號，我希望自己不只是公主，更是專業的豬肉達人，能幫大家解答關於豬肉的各種疑惑。我會堅持初衷，繼續努力下去的！

采婕 Chelene

東門市場三代肉舖接班人的豚食好滋味

還想說的是……

其實有件事情一直放在我心中……

某次直播時，有一位觀眾嚴厲地說：「妳做殺業的業障會很重！」

聽到這句話，心情真的受到滿大影響的。

透過網路的發達，我認識了一位在台東經營養殖場的大哥，這次為了新書，我特別跑去台東的養殖場拍攝。

於是，我把這件事拿來問了這個養豬場的老闆：「你會遇到類似的問題嗎？會不會有人問你怎麼忍心做這個？」

大哥很平靜地跟我說：「每個職業都有自己的使命，我們養殖業的使命就是讓我們飼養的動物，在舒服的環境下健康地長大，然後在品質最好時售出，讓消費者能購買及食用到安全無虞的肉品！」

聽他講完這段話，我深受感動，也得到了啟發！

在豬肉攤賣豬肉，是一項職業，而我的使命就是讓客人買到新鮮又合適的好豬肉回家，烹調出好的料理。這是本心、也是永遠不變的初衷！

Content

Part 2
全豬圖解及部位介紹

Part 3
給新手的清洗豬肉祕訣大公開！

Part 4
常見的豬肉該怎麼料理？分享我的家常菜單！

Part 5
豬肉的百變料理，簡單做出好味道！

Part 6
特別企劃，東門公主的獨家創意料理！

Part 1

三代肉舖接班人告訴你
關於豬肉的美味祕密

如何挑選合格攤位購買？

 沒有這三樣合格標式不要買！

····· CAS 標誌 ·····

 CAS 台灣優良農產品標章（Certified Agricultural Standards），是國產農產品及其加工品最高品質代表標章，須經學者、專家嚴格評核把關，通過後方授予 CAS 標章證明，並於產品上標示 CAS 標章，保證 CAS 產品的品質安全無虞，同時也利於消費者辨識。

····· 屠宰衛生檢查合格標誌 ·····

防檢局 屠宰衛生 合格
8888A900101

「屠宰衛生檢查合格標誌」為蓋在豬隻屠體上之紅色印記，標示屠宰場登記的編號，屠宰作業線別及屠宰日期等相關訊息，代表是政府認證經屠宰衛生檢查合格的衛生安全豬肉。消費者可以經由辨識此合格標誌安心選購。

····· 電宰當日衛生檢查證明單 ·····

 以往只要豬隻是在合乎屠宰規定的場所屠宰，攤商就可以申請「電宰衛生豬肉」標章，但還是有某些攤商在攤位上掛著「電宰衛生豬肉」標章或招牌，賣的卻不是合格屠宰的私宰豬肉，因此肉品市場每天都會一隻豬發一張「電宰當日衛生檢查證明單」，上面寫有屠體編號，交由攤商保留，以供查緝人員核對豬隻來源，也能讓客人明確知道攤位上的肉品都是合乎規定屠宰來販賣的。

東門市場三代肉舖接班人的豚食好滋味

如果有產銷履歷更好

105 年起農委會實施「國產生鮮豬肉追溯標示牌」，消費者可據八碼編號或掃描 QR-code 查詢交易市場、拍賣日期和養豬場等豬肉來源資訊。

F H 05 - 0567

第 1 碼代表交易市場
第 2 碼代表月份
第 3 第 4 碼代表交易日期
後 4 碼代表活豬拍賣編號，上網可查出自哪間養豬場

這些都有了就看環境吧！

除了合格標章和產銷履歷外，攤位環境和老闆的個人衛生也很重要，到了攤位先看有沒有過度潮濕、有無異味，刀具和磅秤、檯面及絞肉機是否都清潔乾淨。最能看出攤位衛生的小撇步是傍晚收攤之後再去觀察，工作了一整天後很疲勞，但卻還是能堅持將攤位及器具整理乾淨後才離開，就可以看出老闆對於自己攤位整潔度的堅持。

排放整齊、乾淨無血水的檯面，就是觀察的指標之一。

1-2 怎麼判斷品質與鮮度？

 氣味

基本上新鮮的豬肉當天屠宰完不會有太重的腥味，如果有很重的豬腥味，有可能是以下幾點原因：

| 在攤位放置太久 | 豬隻的品質有疑慮 | 攤位的衛生條件有問題 |

靠近攤位時，沒有異味、也沒有大量蠅蟲徘徊飛舞，是很重要的觀察重點！

色澤

新鮮的肉品瘦肉的部分多為鮮紅或紅潤的粉色，油脂則為乳白色，且外觀看起來有光澤，若肉品呈現綠色或是有點黑色，可能表示已經放太久腐敗了。

太白的肉色代表可能豬隻在屠宰前被灌食太多水份，這樣的肉在烹調過後比較容易流失風味，含有太多水的肉品也可能成為寄生細菌成長的溫床，所以要特別注意。

新鮮的光澤。

觸感

新鮮的肉用手按壓會有彈性，且不會沾黏刀具；若按壓會出水，表示豬隻可能是灌水豬；按壓後肉呈現塌陷的狀態，表示已經沒有那麼新鮮了。

有彈性的觸感。

1-3 刀具與切法

刀具介紹

「工欲善其事，必先利其器」，因此依照功能來挑選適合的刀具，會讓料理事半功倍唷！

······ 菜刀 ······

適合切塊、切末，簡易的切割。

······ 主廚刀 ······

適合橫剖、切片、切絲、刮除油脂。

······ 剁刀 ······

刀片較粗、重量較輕，用來分切豬骨。

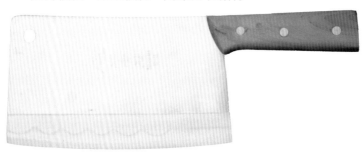

切法介紹

　　豬肉具有固定的肌理紋路，順著這個紋路直切或是橫切，會讓肉質在料理時具有不同的變化，建議依照不同的料理選擇適合的切法！

······ 逆紋切法 ··

　　如果肉的部位有纖維，建議橫著切，也就是使用逆紋切法，這種切法會讓肉的纖維變短，遇熱後肉質的收縮較少，因此口感會比較軟嫩。適合汆燙、快炒的料理。

箭頭方向為紋理方向，刀鋒和紋理成 90 度直角即為逆紋切。

相較於逆紋切，將刀鋒和肉紋平行切，就稱為順紋切，保留了較長的肌肉纖維，肉比較能耐得住長時間的加熱烹調，因而維持彈性與口感，因此適合用於需長時間燉煮的料理。

一手按住肉塊，且手指微彎頂住刀背，下刀時微斜地切塊。短時間烹調要注意肉塊大小，不宜切得太大；長時間烹調有油脂的部位，則是不要切太小，容易散開。

東門市場三代肉舖接班人的豚食好滋味

······ 切片 ······

以前後拉鋸法切出肉片。一定要用片刀之類的薄刀來切，肉片才會薄。如果需要把肉切得很薄但家裡只有一般菜刀，可以把肉放在冷凍庫約半小時後再拿出來切，就可以有片刀的效果。

······ 切絲 ······

把肉切成數片大薄片之後，更能方便固定肉品來切成細絲。

一刀不斷一刀斷的手法，稱為蝴蝶片，適合做藍帶豬排（中間夾起司），或是在肉中夾香料、餡料使用。

東門市場三代肉舖接班人的豚食好滋味

1-4 保鮮與保存

 保鮮

剛採買回來的新鮮肉品如果能立即料理當然最好，因為經過攤位擺放及採購回家的路程，時間及室溫會影響肉的鮮度。因此，生鮮肉品最好能放在採買順序的最後再購買！回家後可以先進行分類或分切。

······ 冷藏 ······

冷藏最能保持原本鮮肉的狀態，因為低溫能抑制微生物分解酵素的活動力，但並非完全靜止！冰箱內存放物的多寡及開關冰箱門都可能造成保存溫度的流失。因此，肉類在冷藏室最好不要存放超過一天，若預計好幾天都不會用到肉品，便建議把肉放入冷凍室內保存唷。

······ 冷凍 ······

若肉類食材需要保存超過一天，那麼就建議放在冷凍庫保存。不過冷凍雖然可以降低微生物的活動力，但不能殺死微生物，因此肉類冷凍時也可能腐敗，所以不要覺得只要把所有東西冰冷凍就都不會壞囉！若已確定買回來來後會如何食用，可以先煮熟後再冷凍，湯品也可以先熬煮後分裝冷凍延長保存期限。

保存

　　在肉攤購買時可請老闆幫忙分裝，但現在多倡導減少使用塑膠袋，所以可以請老闆把同一種部位裝成一袋，不僅是環保也省了後續分裝的步驟！當然，如果能自帶保鮮盒那就更好了！回家後可依不同的料理行程表放在冷藏或冷凍中保鮮。

　　另外，把肉裝袋保存時要記得壓平，因為壓平的空氣接觸面積大、因此冷凍速度快，解凍也比較快，放在冰庫中也比較容易擺放整齊，減少找食材的時間避免冰庫中的溫度流失，一舉多得。

　　如果肉存放在冷凍，可以在料理前折出需要的份量，放在冷藏室解凍，等解凍完畢就能料理囉。

1-5 市場採購秘訣大公開

Q: 買肉有最佳的時間點嗎？

A: 如果已經預想好要做什麼料理的話，可以列出清單跟份量，採買順序建議從其他不容易變質的食材開始購買，把肉類放在最後，因為氣溫和塑膠袋容易讓肉類悶住會容易影響鮮度。

Q: 怎樣的價位才合理？

A: 一般大眾都認為菜市場一定比超市便宜，其實不然！這要看攤位進貨的品質，不只是肉類有這樣的分別，菜攤和海鮮也會有這樣的差別！而價格合不合理其實是很主觀的！如果沒有概念，可以上網查詢或是去超市走一趟，因為超市的品質不會是太差的肉，看看本地產豬肉的價位當參考，去傳統市場就能有個概念，以相同品質來說價位不會落差太大！而有些人認為黑豬肉就是比較高級所以比較貴其實也不一定，黑豬也有分品質高低，所以可能遇到品質低劣的黑豬或是品質優良的白豬，因此黑白豬其實不影響定價，品質才是定價的關鍵！

Q: 裝袋及保存方式？

A: 通常不特別要求分裝的話，傳統市場都用塑膠袋包裝，現在政府開始倡導少用塑膠製品，其實大家可以準備購物袋和保鮮盒，請攤商老闆直接放在保鮮盒中回家存放是不錯的方式！另外如果採買時間較長可以帶有保冷效果的袋子裡面放一點乾冰或冰袋，更可以維持肉品的鮮度喲！（詳細的保鮮及保存方式可看第 27、28 頁唷。）

Q: 份量該怎麼抓？

A: 這應該是新手最困擾的問題，因為食譜都是用公克計算為主，而傳統市場都用斤兩來計算！

★一斤（16 兩）＝ 600 公克

如果這樣還沒概念的話，以梅花肉來說半斤（300 克）大約是厚度 2.5 公分，約是一個女生手掌的大小。也可以直接跟老闆說，能不能大概看一下份量，這樣最清楚！

Q: 不知道該買哪種肉，可以請老闆給建議嗎？

A: 當然可以。雖然現在網路很便利，可以搜尋到各種食譜做法甚至是影片教學，但同樣一種料理可以用不同部位的肉取代，例如想吃白切肉，大部分能找到的做法都是使用五花肉的部位，但現在很多人喜歡吃脂肪較少的部位，那就可以詢問攤商老闆可以用哪一部位的瘦肉代替，一樣料理方法選用不一樣的食材可以更符合個人需求。「可以詢問」是逛傳統市場的最大優點！

Q: 一次一定要買半斤或一斤嗎？

A: 不一定。近年來傳統市場的電子磅秤越來越普遍，所以除了可以指定金額購買之外，也可以依照需要的量來秤重，例如切三片排骨肉或是一條五花肉！骨頭類的也多是依照份量來秤重賣，只有內臟類，例如豬心、腰子、腹肉才會是需要「整副」秤重賣，其他品項大多都可以依客人需求的量來販售唷。

東門市場三代肉舖接班人的豚食好滋味

Q: 瘦肉精是什麼？

A: 我們常常在新聞中聽到瘦肉精，而什麼是瘦肉精？

瘦肉精其實不只有一種，它是一個總稱，其中根據農委會防檢局和畜試所資料指出，比較常見的「瘦肉精」有一種叫克倫特羅（Clenbuterol），對心臟有興奮作用。瘦肉精是一種受體素，學名是「腎上腺乙型，接受體作用劑」，是一種類交感神經興奮劑，原本這種瘦肉精用於氣喘的治療，後來被發現加在豬隻的飼料中長期食用，可加速脂肪轉化與分解，讓豬隻多長瘦肉少長脂肪。而另一種瘦肉精萊克多巴胺（Ractopamine）也是相同作用放在飼料中增加瘦肉的生成。

Q: 如果我們人類吃到含有超標瘦肉精的豬肉時會有什麼影響呢？

A: 根據李世隆醫師在國家網路醫藥網中的文章提到瘦肉精對人體有很強的副作用，可能產生的不良反應主要有以下五項：

1. 急性中毒：會有心悸，面頸、四肢肌肉顫動，嚴重可能導致不能站立，頭暈頭痛噁心嘔吐等症狀；原有心律異常的患者更容易產生不良反應。

2. 有交感神經功能亢進的患者，如高血壓、冠心病、青光眼、前列腺肥大、甲狀腺功能亢進者會更易發作，危險性也更大，可能會加重原有疾病的病情而導致意外。

3. 與糖皮質激素合用可引起低血鉀，可能致交感神經興奮而使血漿醛固酮水準增高，使腎小管排鉀保鈉作用增強。低鉀使心肌細胞興奮性增加，這種雙重作用的結果，會使心臟猝死發生的機會大幅增加。

4. 反覆食用到瘦肉精會產生藥物耐受性，對支氣管擴張作用減弱，持續時間也將縮短。

5. 有研究顯示長期食用的話，還有導致染色體畸變的可能，誘發惡性腫瘤。

Q: 台灣養殖的豬隻含有瘦肉精嗎？

A: 瘦肉精目前在台灣依然全列為禁藥，而進口的豬隻必須是「不得檢出」，如果家人或是自己有以上的疾病時，必須特別注意豬肉的來源產地，選擇合法且合格的攤商就不會有瘦肉精的疑慮，而進口肉品方面，目前我們台灣的檢疫以萊克多巴胺為主要檢疫目標，我們堅信政府會好好對國人的食安做保障，但如果有健康方面的疑慮，還是建議大家支持、購買完全禁止使用各種瘦肉精的國產豬肉最安全！

1-6 祖傳三代的豬肉達人來解密！

市場肉攤的豬肉來源？

在國內豬肉市場裡，進口豬肉的比例約為 5 ～ 10%，其餘豬肉都來自國內生產，而我們本地產的豬肉又有約 7 成是在傳統市場銷售給消費者。

因此農委在 2016 年起推行國產生鮮豬肉追溯系統，希望透過在肉攤上標示牌的 QR code 掃描，讓消費者能夠清楚查詢到豬肉來自哪個畜牧場、拍賣日期與拍賣市場資訊，所以只要攤位有國產生鮮豬肉追溯系統，表示豬隻是有合格前置管道。通常攤位都會選擇較近的拍賣場取得貨源，鮮少是從外縣市運送來，因為運送時間的長短也會影響到品質。

大家有興趣了解的話可以參考 1-1 的國產生鮮豬肉追溯系統說明，然後到攤位掃描看看，了解平時購買的肉品來源在哪兒。

黑豬就是好豬？

每天都會遇到不下十次有客人問：「你們是賣黑豬嗎？」其實從小在豬肉攤長大，又吃了這麼多年的豬肉，只知道肉好吃就好，毛是什麼顏色還真的沒注意過！

實際在肉攤工作幾年後才發現普遍大眾的觀念還是很執著黑豬，為什麼大家會認為黑豬肉比較好呢？這就像現宰和冷凍冷藏的迷思一樣。

肉攤基本上都是當天屠宰販賣，有部分會先放冷藏保存，但少部份客人因為觸碰到肉時發現溫度較低就認為不新鮮，這個觀念其實是不太正確的！肉品

放冷藏是為了避免室溫造成加速腐敗，其實反而更安全衛生。

和溫度迷思一樣，豬肉肉質好壞跟毛色一點關係都沒有，甚至有一些不良攤商就算不是賣黑豬也是掛著黑豬招牌，或是跟大市（批發市場）買一隻黑豬腳擺著就讓客人以為全攤都是賣黑豬肉以提高售價。

其實，黑豬也有便宜劣質的，反過來白豬也有高價優質的，腥味跟豬隻的養成以及公母都有關係。如果想知道是不是賣好的豬肉，建議可以直接問老闆：「豬都多大隻？」「養多久？」「公的母的？」這幾個問題會比問「是不是賣黑豬」更顯專業、內行唷！

要判斷肉質的話，也可以比較附近幾家豬肉攤的五花肉，看肉的寬度、長度及油花的分佈和層次，越寬越長的表示豬隻養殖的時間長，較不會有腥味，層次油花分布均勻，口感就會比較好唷！

廣告都說後腿肉最好？

相信大家一定常看到食品包裝或廣告寫著：「選用黑豬肉的後腿肉製成。」因此很多新手在實際做料理時，到傳統市場會優先選擇購買用後腿肉。我們遇到客人需要購買後腿肉時都會再三詢問客人的料理方式，因為真正的後腿肉以瘦肉居多，肉的纖維較粗，筋膜也不少，做成料理的話口感會偏硬。

那為什麼廣告都會強調用「後腿肉製成」？製作加工品都會加入其他配料和許多油脂來攪成碎肉或是製成肉乾，使用後腿肉來絞碎的口感就會改變，變得不乾不柴又因為加了非常多油脂，這樣做成餡料會比較多汁，也因此市售的肉類加工品其實熱量非常高。

還有一個原因是後腿肉要製成一般家常料理不太容易，所以這部位的單價比梅花肉或是五花肉的單價便宜一些，對於餐廳及加工廠的成本上負擔也較

低，因此通常他們都會優先選擇這個部位購買。

後腿肉的組成以瘦肉的比例最高，要計算肥油比例製成加工品會方便很多，所以這部位會這麼有名並不是因為口感極佳，而是因為製作成本的考量。

之後大家記得到市場購買豬肉之前記得詢問攤商老闆，想做的某道料理適合哪個部位，由老闆來推薦，才不會買回家料理後變成橡皮筋一樣咬不動，懷疑是自己的廚藝不精、還是肉攤的肉不好？其實都不是，而是挑錯肉囉！

你吃到的真的是松阪肉嗎？

松阪肉在餐廳的單價一直算是偏高的食材，但其實很多餐廳用的不是真正的松阪肉，有些不良攤商也會用其他部位魚目混珠，把較便宜的部位當松阪肉高價販售。

如何分辨是不是真正的松阪肉有幾種方法：

口感　　**煎烤**：口感偏脆
　　　　　　燉煮：入口即化。

外觀　　**二層肉**：吃起來一樣很軟嫩，只是少了脆脆的口感。
　　　　　　五花肉上層：也有人稱為玻璃肉，這部位料理起來容易偏硬，只要整片未切狀態就很容易判別，也可以用切片後的紋理來分辨。這幾個部位的肉乍看之下都很像松阪，所以常常被搞混。

松坂肉

二層肉，也就是邊肉

五花肉

如何快速退冰？

　　一次購買較多的肉時，回家冷凍後要快速退冰有以下幾種方法。在 1-4 的章節中有說明在生鮮狀態時只要在肉品裝袋時先壓成扁平狀，除了能快速結凍之外，也能快速解凍！

　　一種方法是料理的前一晚先把冷凍肉放到冷藏室，隔天料理時就能直接使用，那如果忘記這樣做或是臨時要使用時，可以先把肉品放在兩個鐵器的中間夾著（鐵盤、鐵鍋都可），然後在上面的鐵器加些重量，使其更貼著肉，因為金屬導熱快、散熱也快，所以可以加速解凍。

　　市面上販售的解凍板，其實也是相同的原理，這樣除了把肉泡水和用微波爐解凍之外也有快速退冰的效果，大家可以嘗試看看！

 # 現成的絞肉新鮮嗎？

　　一般豬肉攤上都會準備絞好的碎肉供大家方便購買，但對於新鮮度這個問題還是滿值得研究的，尤其是夏天氣溫較高，同樣份量的原塊肉和絞肉，絞肉

和空氣接觸的面積比較多，的確更容易腐敗，所以要特別注意鮮度的問題！

若擔心絞好的肉不知道已經放在那兒多久，可以自己選擇肉塊請老闆現絞！如果擔心肉塊上有灰塵也可以請店家將肉塊稍微沖洗一下再絞，但沖過水的絞肉一定要盡快使用，因為有水份比較容易滋生細菌。如果沒有要立刻料理，不沖水的現絞方式會比較推薦！

豬肉為什麼一定要全熟？

牛肉可以吃三分、五分、七分，甚至也有人生食，為什麼豬肉要吃全熟呢？牛肉和豬肉一樣都有條蟲寄生，這兩種條蟲的宿主分別就是牛與人、豬與人，但牛肉條蟲（Taenia saginata）因為現今牛肉養殖方式改變，除了牛隻比較不容易受到條蟲寄生之外，有研究指出牛肉在足夠的低溫與時間條件下，冷凍就能夠將肉中的幼蟲殺死，因此牛肉較沒有寄生蟲的問題所以大家會生食。但若不了解牛隻的來源為何，還是希望大家煮熟再食用，將感染機率降低是最適當的！

而豬肉條蟲是豬隻在飼養過程中，因為飲食造成條蟲寄生在肌肉組織中，若未用高溫煮熟豬肉，那條蟲可能會在人體中孵化，寄生在腸道中，吸收人體的營養，所以為了避免感染務必要將豬肉煮熟後再食用。

另外豬還有另一種寄生蟲叫「豬旋毛蟲（Trichinella spiralis）」是一種線蟲，若不小心吃到有旋毛蟲的包囊，在一星期內會出現腸胃道症狀，感染兩星期左右，幼蟲就會寄生到人體的肌肉組織之中，這時就會出現肌肉疼痛無力等等的症狀，也可能會開始出現精神不濟、發燒的發炎反應。

因此為了健康和安全著想，請務必將豬肉完全的煮熟，只要煮熟就能避免寄生蟲的感染！

市場 V.S. 超市，到哪裡買肉比較好？

　　以我的觀點來看，到哪裡買肉才新鮮有保障？其實這完全是要依照消費者的需求取向，來決定去哪裡購買肉品才能符合期望。

…… 傳統市場的優點 ……………………………………………………

- 客製化份量和切法。
- 新不新鮮都看得見。
- 可直接詢問料理訣竅或是尋求建議。
- 可以挑選喜歡的肥瘦比例。
- 有比較多的部位品項可選擇。

…… 超市的優點 ……………………………………………………

- 全程冷藏。
- 較沒有衛生疑慮。
- 價格公開透明。
- 沒有購買時間限制。（一般上班族如果只有下班時間可以採買食材，當然是選擇超市的肉品，因為超市全程都有冷藏保鮮，黃昏市場的鮮度可能不及超市）

★若是對於肉品的新鮮和肉質特別講究的人，還是建議去傳統市場挑選唷。

客人正在詢問問題，這就是傳統市場的優點唷！

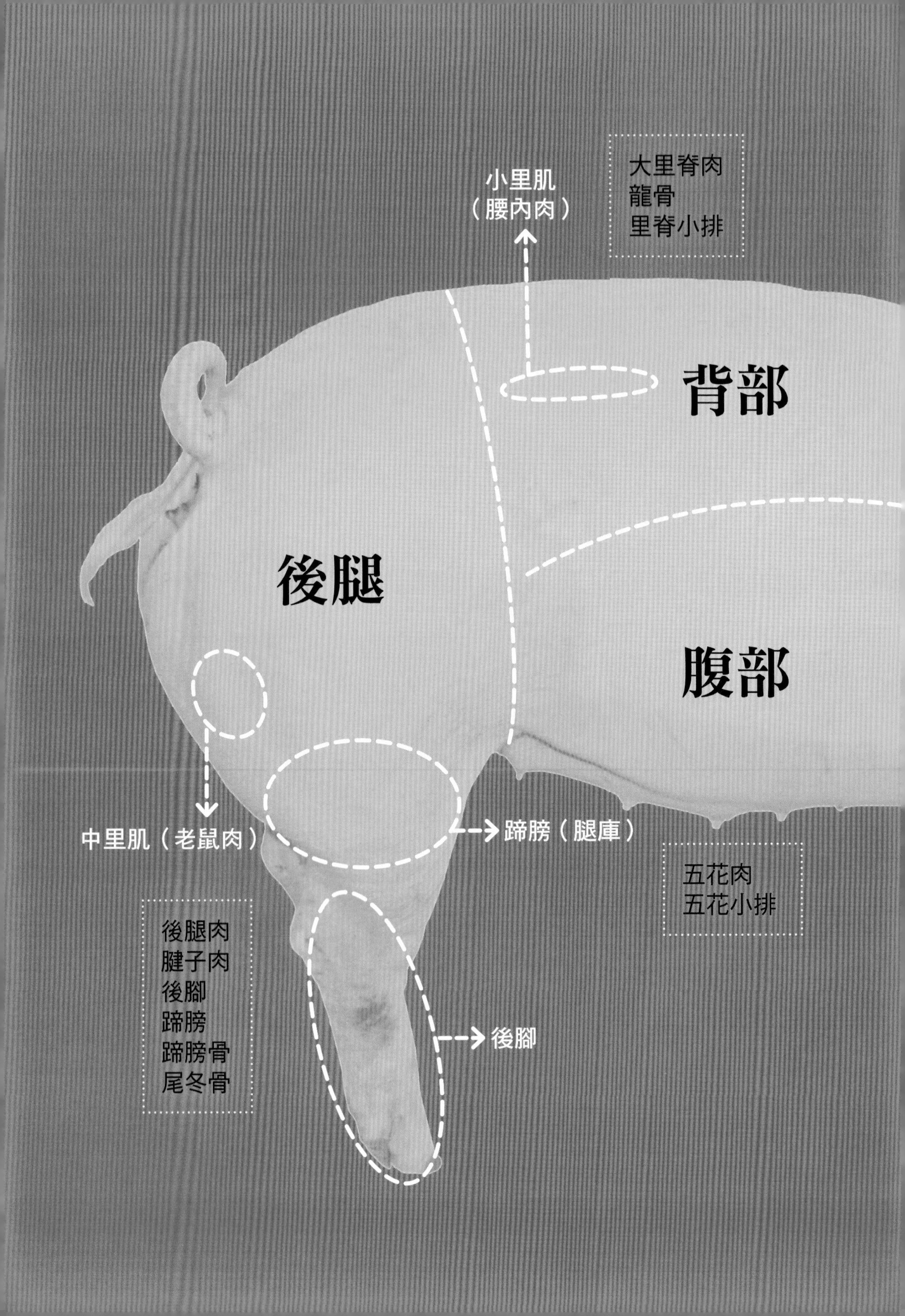

小里肌
（腰內肉）

大里脊肉
龍骨
里脊小排

背部

後腿

腹部

中里肌（老鼠肉）

蹄膀（腿庫）

五花肉
五花小排

後腿肉
腱子肉
後腳
蹄膀
蹄膀骨
尾冬骨

後腳

邊肉

梅花肉
梅花排

肩部

耳
舌
嘴邊肉
豬頭皮

軟骨

頭部

前腿

松阪

腱心肉
腱心排
腱子肉
前腳

Part 2

全豬圖解及部位介紹

頭部 的部位分類

 松阪肉

　　松阪肉位於豬頸部，因為口感不輸松阪牛，所以為這個部位起了這個稱號；又因為一隻豬身上只有兩片松阪，一片約為六兩，又稱「六兩肉」。此部位油脂豐富，短時間快炒口感清脆Q彈，長時間烹煮入口即化，可靈活運用在各種料理中。

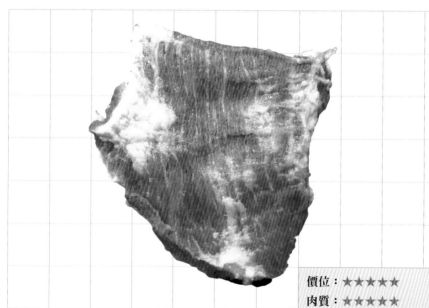

價位：★★★★★
肉質：★★★★★
熱量：★★★★★
適合的烹調方式：烤、水煮、煎、炒、蒸

東門市場三代肉舖接班人的豚食好滋味

肩部 的部位分類

 ## 梅花肉

　　位於豬肩部，也就是胛心肉上方的部位，油花像是放射狀的位於瘦肉之間，如花瓣一樣的均勻分布，所以稱為梅花肉，又稱作「上肉」。這個部位的肉質軟嫩且油脂不會過多，符合現代人的健康飲食，適合各種烹調方式。

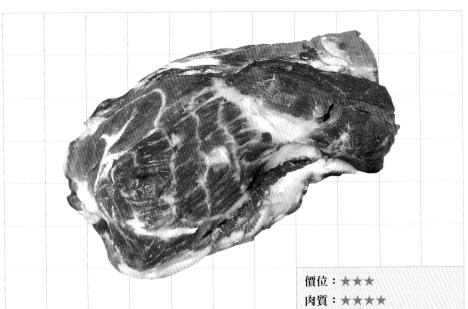

價位：★★★
肉質：★★★★
熱量：★★★
適合的烹調方式：蒸、煎、水煮、炒、紅燒、絞肉、粉蒸、肉絲、肉片

邊肉

　　又稱「二層肉」，台語稱作「離緣肉」，是位在肩胛骨跟背之間的部位。形狀呈三角形，由兩種紋路不同的肉組成，價位僅次於松阪肉，但比松阪油脂少一些，不管長時間或短時間烹調後的口感都很軟嫩，適合切片炒或是整片水煮白切，切丁狀來燒烤也很適合。

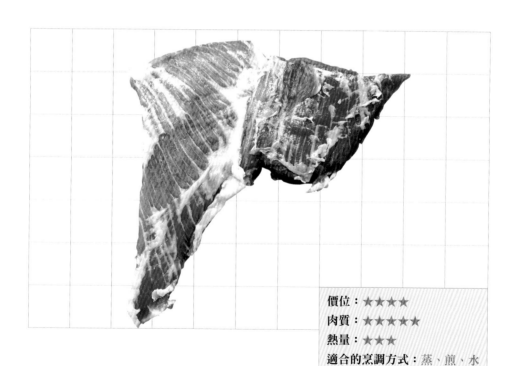

價位：★★★★
肉質：★★★★★
熱量：★★★
適合的烹調方式：蒸、煎、水煮、炒、絞肉、肉絲、肉片

背部 的部位分類

 ## 大里脊肉

　　位於脊椎兩旁，肉質纖維細且緊密，連接著骨頭稱為「大排」，最常作為炸排骨便當的排骨用料，但因家常料理的鍋具較小，現在零售給一般家庭時，多為去骨後的里脊肉，以瘦肉為主，上層覆蓋一層薄筋，兩色部分較為軟嫩，因為瘦肉多，此部位不適合長時間烹調，烹調時間過長，肉質容易變得太有韌性，大里脊肉適合短時間的料理，可以切片煎煮，或是油炸的方式來料理。

價位：★★★
肉質：★★★
熱量：★
適合的烹調方式：煎、烤、炸、肉絲、肉片

🐷 小里肌

又稱「腰內肉」，位於脊椎後段的兩側，肉色紅潤，全瘦肉，形狀類似老鼠肉但小里肌較細長，口感和牛肉的菲力很接近，適合做成豬排或是切片、切絲，用煎煮炒的烹調方式都很適合。

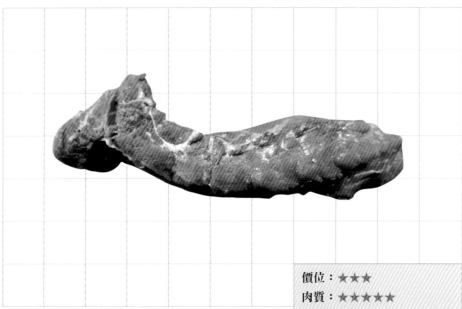

價位：★★★
肉質：★★★★★
熱量：★
適合的烹調方式：蒸、煎、水煮、炒、絞肉、肉絲、肉片

東門市場三代肉舖接班人的豚食好滋味

46

腹部 的部位分類

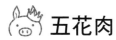 五花肉

　　位於背脊部分下方的腹部，俗稱「五花肉」或稱「三層肉」，因為皮、肉、油脂的分層清楚，外皮富含膠原蛋白。可以依個人喜好挑選肥瘦比例，其中又以較厚的前段五花的口感最豐富，適合用來紅燒或是水煮白切，也可絞成碎肉作為各種餡料。

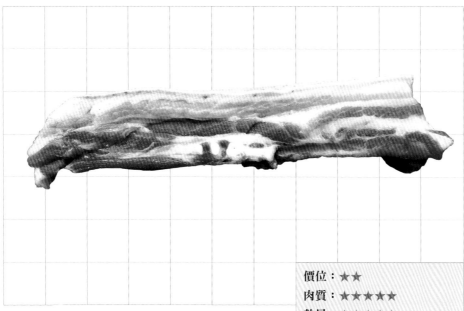

價位：★★
肉質：★★★★★
熱量：★★★★★
適合的烹調方式：蒸、烤、煎、炒、紅燒、粉蒸

前腿 的部位分類

 前腳

　　較粗短，肉多，膝蓋向前彎曲，和後腳最大的區別是前腳多為瘦肉組成，適合紅燒，上段最寬的那一圈常用來做德國豬腳，肉質比梅花肉紮實，適合長時間的烹調方式。

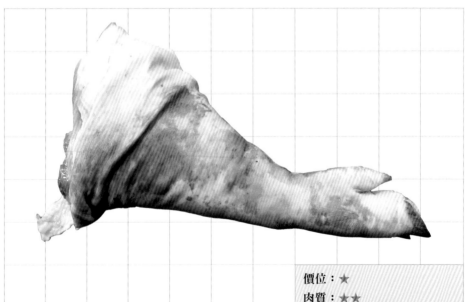

價位：★
肉質：★★
熱量：★★★
適合的烹調方式：紅燒、水煮

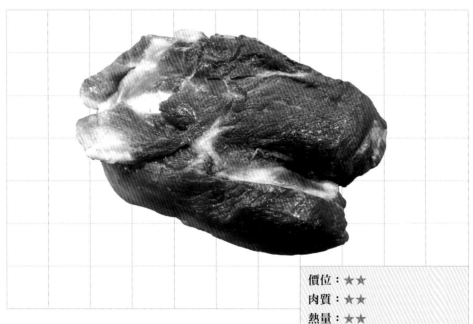 胛心肉

位於前腿的下半部，此部位的瘦肉較多，有些許的筋在瘦肉之間，最常使用做為絞肉。也可連皮一起料理，做為牲禮，又因為有筋用於紅燒，喜愛口感有咬勁的人可以試試，做為餡料也很方便計算油脂與瘦肉的比例，但水煮的烹調就比較不適合。

價位：★★
肉質：★★
熱量：★★
適合的烹調方式：絞肉、紅燒

腱子肉

　　和後腿的腱子肉相似，體積較小，似滷蛋的形狀，大多以瘦肉組成，內有軟筋，適合紅燒，但切記勿分切得太小，因為腱子肉經過烹煮會再縮小，建議整顆下鍋紅燒燉煮，冷卻後再分切。

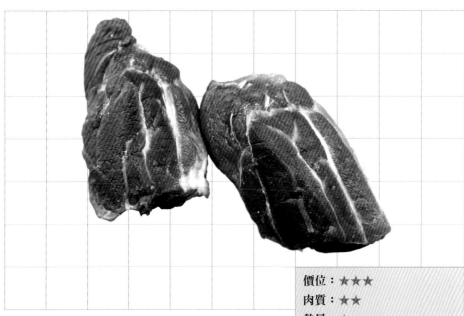

價位：★★★
肉質：★★
熱量：★
適合的烹調方式：紅燒、水煮

後腿 的部位分類

 後腳

　　後腳較細長，由筋、皮、骨組成，腳蹄富含膠質，常和花生一起熬煮成花生豬腳湯，如果只喜歡吃皮和腳筋，不喜歡吃太多肉的話，建議選用後腳的部分燉煮。

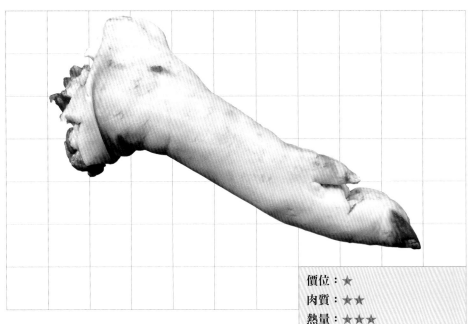

價位：★
肉質：★★
熱量：★★★
適合的烹調方式：煲湯、紅燒

腱子肉

　　前腿和後腿都有腱子肉，後腿的腱子較大，這個部位的肉無油脂、多軟筋，適合長時間燉煮，燉煮時間越久會越軟嫩，因此通常採紅燒做法，很多餐廳也會將這部位的肉切片料理。

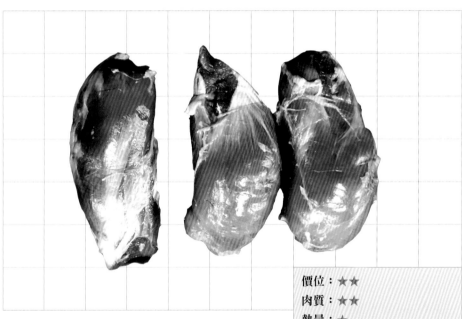

價位：★★
肉質：★★
熱量：★
適合的烹調方式：紅燒、水煮

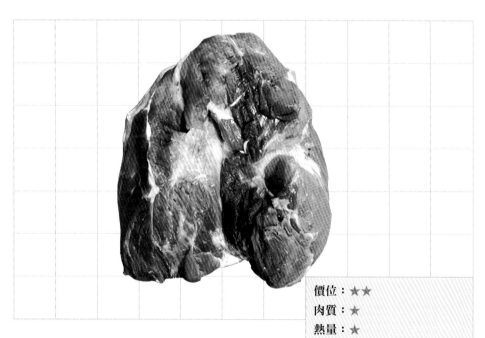 後腿肉

此部位的肉質纖維較粗且扎實，瘦肉多油脂少帶有一點筋膜，口感相對乾澀，常被用來做成絞肉或是加工的豬肉食品，如：香腸、火腿、貢丸、肉鬆，因肉質粗澀較不容易作為家常料理使用。

價位：★★
肉質：★
熱量：★
適合的烹調方式：絞肉

🐷 中里肌

位於後腿肉中唯一軟嫩的瘦肉，肉色偏白，形狀類似老鼠的身形，故俗稱「老鼠肉」。肉質軟嫩、帶有咬勁又不會乾澀，適合喜歡軟嫩口感卻不愛肥肉的族群，尤其水煮後放涼切片或是煮肉片湯都很鮮甜。

價位：★★★
肉質：★★★★★
熱量：★★
適合的烹調方式：蒸、煎、水煮、炒、絞肉、肉絲、肉片

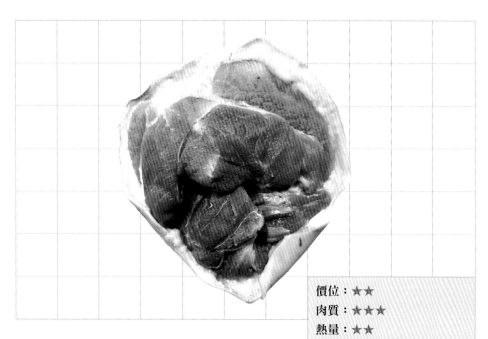

蹄膀

也可稱為「腿庫」，位於後腳上方，比前腳大，所以和後腳分切開來販售，皮厚肉多，口感 Q 彈。長時間烹煮後軟嫩，適合紅燒、滷、炸過再烤也很美味，可以嘗試看看。

價位：★★
肉質：★★★
熱量：★★
適合的烹調方式：紅燒

2-2 各式排骨該怎麼使用呢?

　　湯品在華人的家常菜中是非常必須的一道料理,常有客人說要買骨頭(或排骨)煮湯,到了攤位才知道原來骨頭有分這麼多種!

　　可以用以下幾個簡單的問題來判斷要怎麼選擇適合的排骨:

1. 今天要做什麼料理?

2. 骨頭上要不要有肉?

3. 純熬湯用還是骨頭上的肉也要好吃的?

4. 肉質要軟嫩還是帶有嚼勁?

　　選好之後就請攤位老闆分切,記得排骨分切後一定會有些細碎的骨頭,在料理前排骨先川燙過或是使用流動的水反覆沖洗,這樣之後料理時湯汁會比較清澈,也比較不容易有碎骨落在湯中。

　　以下會介紹幾個在家常料理中常使用的骨頭部位,了解各種不同排骨後,就可以靈活選擇喜歡的部位來嘗試料理囉。

東門市場三代肉舖接班人的豚食好滋味

全身 的部位分類

 骨輪

　　骨輪是關節部位的骨頭總稱，富含油脂並包覆著筋，適合熬製成濃郁的高湯，例如拉麵用的高湯或是米粉湯。骨輪圓形的骨頭很適合煮熟之後給家裡的毛小孩磨牙用喔，因為骨頭形狀圓圓的，所以不用擔心骨頭被毛小孩咬碎吞下肚後，變成尖銳的骨頭刺傷腸胃的風險。

價位：★
肉質：★★★
熱量：★★★★
適合的烹調方式：大骨湯、（適合熬較濃厚的高湯頭）如米粉湯、拉麵湯

肩部  的部位分類

梅花排

　　位於肩頰、靠近頸部的位置，骨頭較大成鋸齒狀，上層包覆梅花肉。梅花排因為帶有油花及口感偏軟嫩又耐煮，因此許多餐廳會選用這個部位的骨頭來做藥燉排骨或是肉骨茶，非常適合需燉煮的料理！

　　另外梅花排的骨頭偏大，在肉攤購買時可請老闆切成小塊，比較方便依照家中的鍋具大小來料理喔。

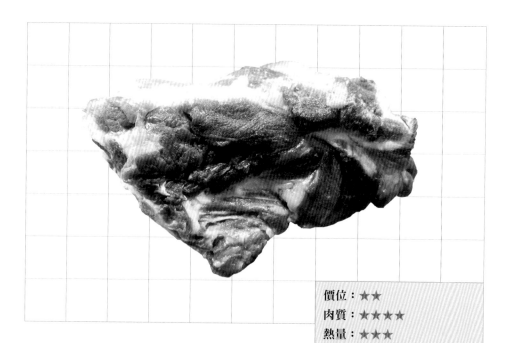

價位：★★
肉質：★★★★
熱量：★★★
適合的烹調方式：湯

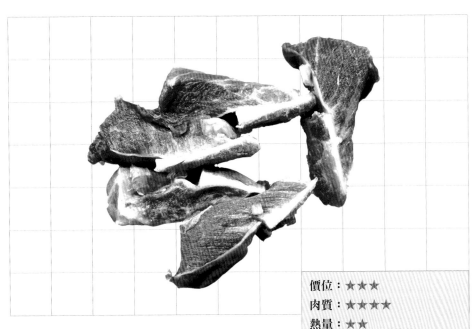 軟骨

　　軟骨在豬的很多部位都有，肩胛骨內的軟骨是半月形扁平狀的骨頭，一隻豬只能取兩塊；而腹部的軟骨呈圓形長條狀。軟骨附近的肉質瘦又不柴，烹調後非常軟嫩又帶有一點口感，很適合煮湯及紅燒料理，推薦給喜歡清爽飲食習慣又愛吃肉的老饕。另外這部位也可以川燙過後給家裡的寵物食用，軟骨煮久是可以咬碎食用，不用擔心寵物的腸胃道受傷，又因為是偏瘦肉的肉質，對於動物來說比較不會有消化不良的問題，可以嘗試看看。

價位：★★★
肉質：★★★★
熱量：★★
適合的烹調方式：煮湯、紅燒、煮稀飯

背部 的部位分類

 龍骨

　　龍骨就是豬的脊椎，通稱「龍骨」，鋸齒狀的骨頭包覆少許里脊瘦肉，和大里脊連接即為便當店的排骨。龍骨裡含有大量骨髓，富含膠質與鈣質，油脂也較少，若把肉的部分去除，很適合用來熬煮成高湯，適合喝湯不愛吃肉的料理者。因高溫烹煮時骨髓會釋出，因此用龍骨熬製的高湯很香甜，也可與其他肉質軟嫩的骨頭一併料理。

東門市場三代肉舖接班人的豚食好滋味

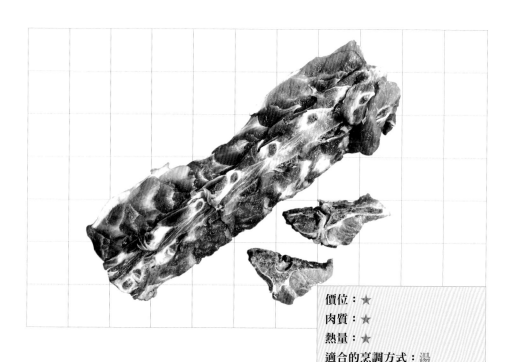

價位：★
肉質：★
熱量：★
適合的烹調方式：湯

里脊小排

　　小排分為兩種：里脊小排和五花小排。里脊小排位於豬背部，是去除了脊椎和支骨後，剩下中段、較粗短的圓骨，瘦肉多，骨頭整齊，肉質香甜，肉質和大里脊肉相近。另外因每個人喜好不同，也有客人喜歡用里脊小排來煮湯，吃起來 Q 彈有嚼勁、咀嚼後有肉香味，也因此若想要的效果是肉質軟嫩，就不建議久煮。推薦可以用里脊小排來作佛跳牆、排骨酥、糖醋排骨，或是炭烤料理唷。

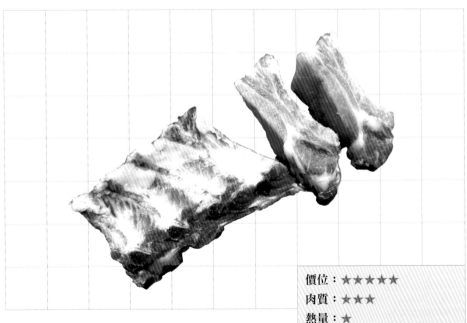

價位：★★★★★
肉質：★★★
熱量：★
適合的烹調方式：烤、炸

五花小排

　　五花小排,又稱腩排,是位於豬腹部位的肋排,上面包覆的是五花肉,肉層比較厚,肉質多汁、油脂豐富,骨頭圓且細長,並帶有白色軟骨。新鮮的五花小排肉質有光澤,脂肪潔白。腩排由於本身油脂較多,肉味較甘香,吃起來軟嫩又帶有一點口感,適合各種烹調方式,也推薦可以整塊拿來燒烤、做成烤肋排。適合拿來作藥燉排骨、無錫排骨、豉汁排骨、排骨酥、炭烤小排、糖醋排骨、高昇排骨,以及各種湯品。五花小排的骨頭又稱為「支骨」或「邊仔骨」,適合用來熬煮成嬰兒副食品的高湯喔。

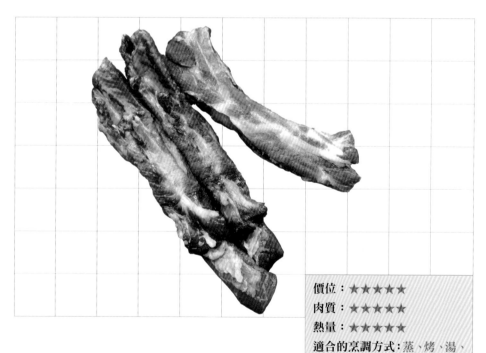

價位:★★★★★
肉質:★★★★★
熱量:★★★★★
適合的烹調方式:蒸、烤、湯、紅燒、炸

前腿 的部位分類

胛心排

　　大家常吃的豬骨有以下四種：肋骨、脊椎骨、肩胛骨、腿大骨。

　　其中，肋骨又分為上下兩種，一種是五花小排位於下層，一種是胛心排位於上胸腔的位置，也叫作豬肋排或湯排，有攤商會把中段作為小排使用。骨頭呈現扁平狀，帶有一小塊軟骨，上層帶有胛心肉，肉質細嫩耐煮，適合用作各種湯品料理，是最多客人愛用的骨頭部位。

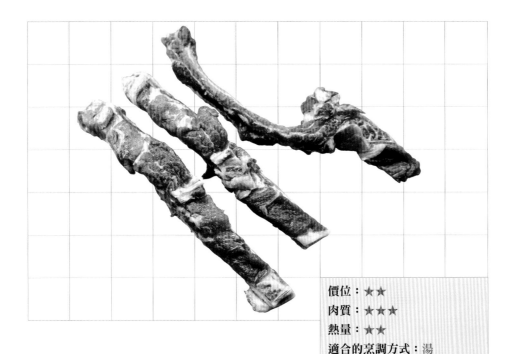

價位：★★
肉質：★★★
熱量：★★
適合的烹調方式：湯

後腿 的部位分類

 蹄膀骨

　　蹄膀骨是連在腱子肉旁的骨頭，取下肉後，形狀就像是雞腿，骨頭圓圓細細的，肉質偏瘦但不乾澀，煮湯很好吃，也適合用來紅燒，因為形狀的關係，也可以用孜然醃漬，吃起來很像羊小排喔！是很好靈活使用的部位。

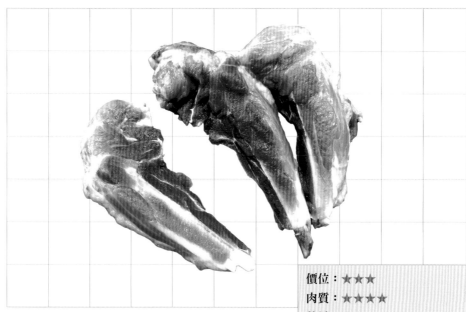

價位：★★★
肉質：★★★★
熱量：★★
適合的烹調方式：煮湯 紅燒

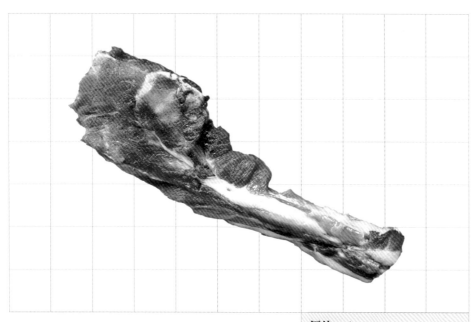 尾冬骨

　　尾冬骨是台語的稱呼，又稱為「尾骨」，位於豬尾椎、接近尾巴的一段骨頭，呈現一個扇形加一長條、棒狀骨頭，有點像高爾夫球竿的形狀。骨頭大，肉質偏瘦，最適合用來燉藥材煲湯，以中醫的說法「以形補形」，特別是對於腰骨痠痛的客人，特別會指定用這個部位來作煲湯。

價位：★

肉質：★

熱量：★★

適合的烹調方式：燉中藥

Part 3

給新手的清洗豬肉
祕訣大公開！

在下鍋之前把食材清洗乾淨，
不但吃得安心、更能讓美味度大提升唷！

3-1 給新手的豬肉清洗小撇步

　　大家對於食材下鍋前要清洗乾淨的觀念深植心中，也因此在攤位上，我也常常會遇到客人詢問「肉要不要洗？」「要怎麼洗？」等等關於清洗的問題。

　　「豬肉買回家要不要洗？」這是客人點播率非常高的問題，甚至有些客人會要求我們先洗完再幫忙分切。不過，其實比較建議的作法是把肉帶回家再做清洗或是川燙，會是最好的處理方式！因為肉用水沖洗之後，表面帶有水分，加上在塑膠袋中悶著，其實容易腐壞變質，應該要盡量保持乾燥，甚至有些油脂覆蓋在肉品表層，反而能降低生菌的繁殖力！

　　回家之後，如果是當餐要料理，在料理前用流動的水沖洗或川燙才是最適當的處理喔！

　　另外一個也很常被問的問題是——「絞肉需不需要洗？」每天都有客人請我們將整塊肉過水之後再絞碎，同上述大塊原肉的道理來看，若是絞肉過水，那更容易滋生細菌，因為肉絞碎之後和空氣的接觸面積更大，所以變質速度也會加快。因此若是當餐就要料理的絞肉，是可以用水洗過後再絞碎，如果是要隔日才要料理的絞肉，會建議絞碎之後拿回家直接冷凍，這樣才能維持新鮮衛生的狀態。若是對絞肉是否乾淨有疑慮，可以將絞肉解凍之後，慢慢攪散、用水加熱燙出雜質後再把水濾乾來料理！

　　除了以上的豬肉清洗訣竅之外，也很受台灣民眾喜愛的豬內臟的清洗方式不能不知道唷！相較於其他部位，內臟的處理較繁瑣，若是內臟的清理步驟省略了，那料理的香味、口味、口感都會大打折扣，因此這一章節將介紹很多初次嘗試買豬內臟回家料理的各個清洗步驟，用簡易的清洗方法加上新鮮的內臟，就能做出像專業餐廳的佳餚唷！

東門市場三代肉舖接班人的豚食好滋味

3-2 營養超豐富的小心肝──豬肝

豬肝是一種營養非常豐富的內臟。富含蛋白質和維生素 A，還含有豐富的鈣、磷、鐵及維生素 B1、B2 等。豬肝味甘苦、性溫，具有補肝養血，明目清熱，有「營養庫」的稱號。另外也可以將豬肝燙熟後給手術後的家犬或是老狗補血，是很好的補身良品。

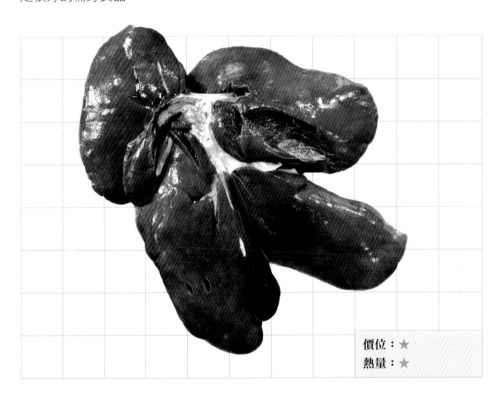

價位：★
熱量：★

 保存方法

 適合的料理

豬肝是可以冷凍的，隔日才要食用的話不適合冷藏，若是買回來沒有要當天料理，可整塊放置冷凍，需要料理時稍微解凍再來切片也會好切很多。

煮湯、清炒、川燙、涼拌、拌炒麻油

清洗方式

1

豬肝買回來後先將筋膜剔除乾淨。

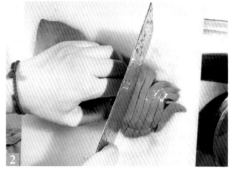

2

筋膜剔除乾淨後切片，再用清水沖洗二到三次。

3

加入一匙鹽巴來去腥、也可以加入米酒，或是牛奶來增加除腥效果（牛奶另外有漂白作用，以及增加乳化口感）。

4

將豬肝與清洗材料稍微抓洗幾下後，便可用清水將豬肝沖洗乾淨，即可開始料理。

 Tips　豬肝切片要注意厚薄度，因為過厚過薄都容易煮得太老，所以 0.5 公分的厚度是最適合的厚度。

3-3 吃心真的能補心──豬心

　　民間常有食心補心的說法，這是因為豬心含有豐富的蛋白質和胺基酸、磷質，吃豬心可以改善我們心肌的功能和幫助骨骼韌性，營養我們的心臟肌肉，所以常吃豬心，對於養心的確是很棒的食補方式。

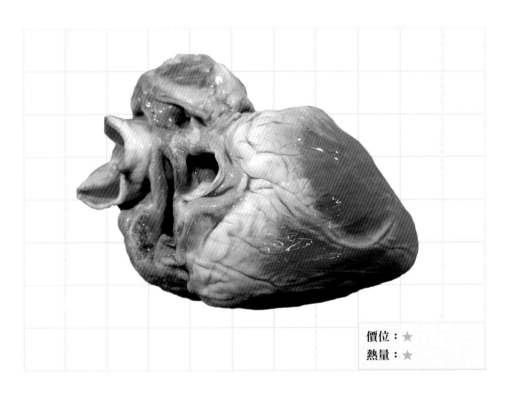

價位：★
熱量：★

 保存方法

可用冷凍保存，但一定要是清洗血管血塊後再進冰庫，之後在清潔上會比較省事。

 **適合的料理**

拌炒（麻油、沙茶）、煮湯、涼拌、藥燉

清洗方式

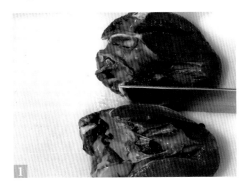

1
整顆豬心買回家後先切對半。

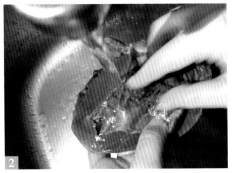

2
在流動的水下把豬心內的積血和血管沖洗乾淨，若還有血管殘留，可用小刀剔除，切忌一定要將血沖乾淨，避免腥味殘留。

3
沖洗乾淨後，就可以將豬心切成適當厚度的片狀。

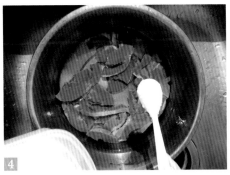

4
切片後再加入一匙鹽巴，用手抓洗數次後，最後用清水將豬心沖洗乾淨即可。

3-4 溫補效果一級棒——豬肚

　　豬肚性溫，含有蛋白質、磷、鐵等，具有健脾胃的功效，對於脾胃虛弱、容易拉肚子、體質虛弱的人有很好的溫補效果。

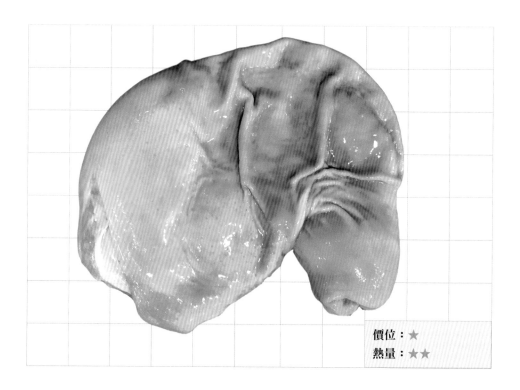

價位：★
熱量：★★

東門市場三代肉舖接班人的豚食好滋味

保存方法

清理程序完成後，將豬肚切片，放入冷凍室即可。

適合的料理

煲湯、涼拌、清炒、滷

清洗方式

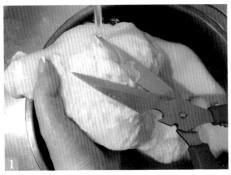

將豬肚放在水龍頭下用流水將豬肚裡外兩面都沖洗乾淨後，用剪刀剪掉附著於肚上的油脂，剪除乾淨後將豬肚內部往外翻。

把豬肚放在盆中，加入一大匙鹽巴、一大匙醋，然後均勻抓遍豬肚，然後放置五分鐘，五分鐘後用清水沖洗乾淨。

把豬肚放入鍋內，加入清水淹過豬肚，放入少許薑片將豬肚川燙約五分鐘。

取出煮好的豬肚放入冷水中降溫，用刀背或湯匙刮去白臍上的附著物。

外部洗淨後，將豬肚從肚頭切開後橫剖，再用刀子刮除掉內壁的油汙，最後用清水沖洗至無黏液。

將清洗乾淨的豬肚切片，即可下鍋料理，或是收入冷藏保存。

最常見的平民美食——豬腸

　　豬腸主要分為大腸、小腸和腸頭，主要的分別在於脂肪量，小腸最瘦，腸頭最肥。豬腸有潤燥、補虛、止渴、止血的功效。另外俗稱的「生腸」是豬的輸卵管（包含子宮）。

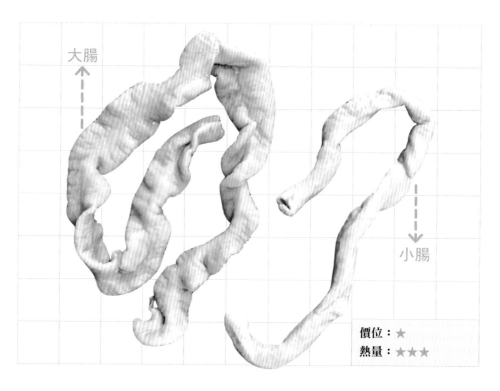

大腸

小腸

價位：★
熱量：★★★

🧊 保存方法

清理程序完成後，放入冷凍室即可。

🍽 適合的料理

煲湯、清炒、涼拌、醬滷、黑白切

東門市場三代肉舖接班人的豚食好滋味

清洗方式

除了粉腸需要清水沖洗之外，大小腸都
需要抓一些鹽巴加以搓洗。

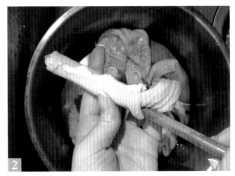

腸外部洗完後，用一支筷子將腸子由內
往外翻出，會更容易清除腸內的黏液。

小秘訣是，可以加入一點可樂，可以有
效率的快速將腸子黏液清洗乾淨喔！

用可樂將腸子搓洗後，就用清水把腸子
沖洗乾淨即可。

 Tips 　除了大小腸需要用鹽及可樂加以清洗之外，粉腸、腸管的部分（脆管、軟管、生腸）
只需用清水清洗，然後刮除外部多餘的油脂和附著物後，即可川燙煮熟。

3-6 黑白切的最愛——豬舌

　　豬舌常和嘴邊肉及上顎肉整付販售，嘴邊肉和上顎不需特別清理理，唯獨舌頭要特別清理乾淨，這部位是很多小吃攤會做黑白切的部位，清潔方式不難，價位也很平實，可嘗試在家自己動手做做看哦。

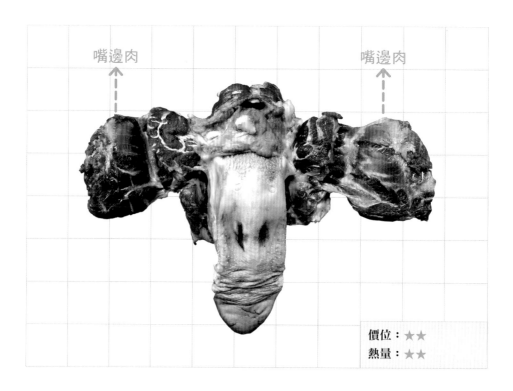

嘴邊肉 ↑　　　　　　　嘴邊肉 ↑

價位：★★
熱量：★★

 保存方法

清洗程序結束後冷凍保存。

 適合的料理

清炒、涼拌、醬滷、紅油拌炒

清洗方式

先將豬舌用清水沖洗乾淨。

準備一鍋滾水，將豬舌放入川燙，兩面
燙煮約 3 至 4 分鐘後沖洗冷水。

川燙過的豬舌，舌苔會浮起，這時候取
刀背輕刮豬舌表面，舌苔便能輕易刮除
囉！將舌頭兩面的舌苔刮除乾淨後，再
用清水沖洗即可。

超熱門的食補食材——豬腰

《本草綱目》對豬腰的記載：「腎虛有熱者宜食之。若腎氣虛寒者，非所宜矣。」因為具有補腎壯陽、固精益氣、消積滯、止消渴的功效，因此腰子是很熱門的食補食材。

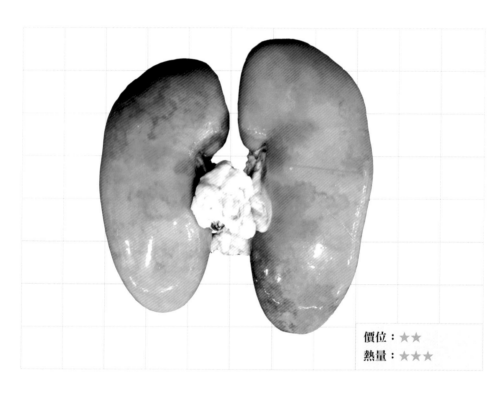

價位：★★
熱量：★★★

 保存方法

切記不可用冷凍的，可準備一盆冰塊水，將切片好的腰子冰鎮，每日更換一盆清水保存並盡快食用，冷凍會改變口感，故不建議。

 適合的料理

拌炒麻油、煮湯、清炒薑蒜

清洗方式

購買腰子的時候，可請攤商幫忙將裡面的組織清理好後再切花，回家後只需要清洗、川燙後即可料理。但若沒有請老闆幫忙處理的話，回家後要先將腰子橫剖成兩半，切開後裡面有腎球，這個部位腥臭味的主要來源，如果吃到的話，除了腥臭味還會有苦味喔，因此必須將內裡的白色組織用刀橫切的方式完全剃除乾淨。

將白色組織完全剃除乾淨後，還是會有腥臭味，必須再把整個腰子放到水龍頭下用清水沖洗，要沖洗到完全沒有腥臭味、水變得清澈（約 5 到 10 分鐘）後，再撈起瀝乾，然後切片或切花，即可下鍋料理。

3-8 膠質豐富的美顏聖品──豬腳

　　豬腳是人們喜歡食用的營養佳品，營養很豐富。豬腳性平，味甘鹹，具有補血、潤滑肌膚、強健腰腿的功效。豬腳又分為前腳和後腳，前腳肉多 後腳則為筋皮為主，清理方式相同，可依口味喜好和料理方式來選購。

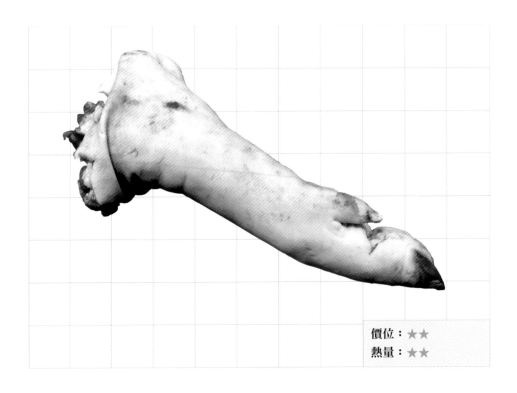

價位：★★
熱量：★★

 保存方法

清理理程序後直接冷凍即可。

 適合的料理

煲湯、醬滷、燒烤、清燉、藥膳

清洗方式

通常攤商都會將豬毛刮乾淨然後詢問客人需要切成的大小（例如要切成圈段，或是剖半切成小塊）。如果想要豬腳是否有處理乾淨的話，可以用肉眼來判斷，訣竅是看指間，通常指間會有些許的毛。

可以請老闆再把指間中的毛處理一下。

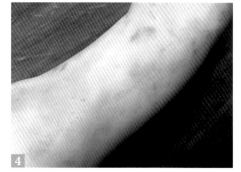

處理乾淨的指間就會像照片中所示，這樣回家後就可以川燙過後直接料理。但如果要求得再乾淨一些的話，可以燙過之後檢查看看是否有多餘的角質，用刀子輕輕刮除就可以了。

豬毛已經處理乾淨的豬腳長這樣喔！

 Tips　若想要把豬腳清潔得更乾淨，在拔除雜毛後，可以用刀子輕刮豬皮表面，把角質也剃除乾淨唷。

常見的豬肉該怎麼料理？
分享我的家常菜單！

在這章節我端出我們家經常料理的菜色與大家分享。
除此之外，我也寫下了一些屬於我、以及我與家人間的小故事，
因為有這些生活點滴，酸甜苦辣地交織出了我的人生滋味。

4-1 不知道買什麼就買梅花肉！

梅花肉屬於上肩胛肉，油脂分布均勻，吃起來柔軟可口，是最常使用的部位。梅花肉因筋膜分布均勻，有筋有肉，吃起來口感好，用途廣泛，因此過去也是價位最高，俗稱「上肉」。

消費者要怎麼分辨梅花肉呢？其實很好辨認喔，這塊肉依據肥瘦分為兩邊，油花多的一邊、瘦肉多的一邊。這部位的瘦肉帶有放射狀的油花，適合各種家庭料理，喜歡軟嫩又害怕肥肉口感的人很推薦購買梅花肉來料理，不管是切塊、切絲、紅燒、清蒸、快炒，口感都很不錯，也因此梅花肉是很多煮夫煮婦們的最愛。

在坊間常常聽到的另一種說法是「胛心頭」（台語），其實就是梅花肉。去肉攤購買時，也可以依據想要料理的方式，先請肉攤老闆幫忙先分切好，可以省去回家處理的時間！尤其現代人大多不喜歡油脂過多的肉質，因此肉攤老闆販賣時大多會幫忙先把皮和厚厚的豬油脂肪層去掉才賣給客人。

梅花肉適合的料理方式：適合長時間燉煮、紅燒，或是大塊烘烤，如叉燒肉、燉肉、白切肉，烹調時間越長越能將味道煮進肉裡。另外也能切成薄片，做為火鍋、燒烤用肉片。

東門市場三代肉舖接班人的**豚食好滋味**

馬鈴薯燉肉

建議份量：2-3 人份
建議料理方式：炒鍋或電鍋
料理難易度：★★
料理時間：40 分鐘

 材料

馬鈴薯 ············· 2 顆
洋蔥 ··············· 1 顆
紅蘿蔔 ············· 半根
梅花肉 ············· 300g（半
斤）

 調味料

鰹魚醬油 ········· 3 大匙
米酒 ··············· 2 大匙
味醂 ··············· 2 大匙
醬油 ··············· 1 大匙
水（或高湯）··· 700cc

 材料準備

- 梅花肉切塊，用少許米酒和味醂醃約 20 分鐘。
- 洋蔥切條狀。
- 馬鈴薯和紅蘿蔔切滾刀塊，將馬鈴薯泡水。也可將馬鈴薯塊修圓，燉煮時尖端才不會因碰撞而糊掉。

 作法

1. 下少許油將洋蔥炒香，再放入馬鈴薯下鍋煎至表面微微焦黃。（馬鈴薯表面稍微煎過，燉煮時較不易碎。）
2. 加入紅蘿蔔和肉片拌炒至表面略微變色後，下少許米酒嗆香，再稍微翻炒 30 秒。
3. 加入全部調味料，蓋上鍋蓋，燉煮至馬鈴薯和紅蘿蔔鬆軟入味（約 20 分鐘），撈出浮沫後便可起鍋。

 Tips
1. 馬鈴薯不要切得太小塊，不然燉煮時容易散掉喔。
2. 第三步驟也可改用電鍋燉煮，分兩次燉，每次都加入一杯水。

常常下班後回到奶奶家，她總會握著我的雙手，心疼地說：「不要做了，女生做這個太辛苦了。」我安撫奶奶說：「好啦，知道！」心裡卻想：「妳也是這樣做了六十幾年，從沒喊過辛苦，我怎麼能就這樣放棄呢？如果我不做了，那還在堅持著的家人就會更辛苦了……
做這份工作，就像燉肉一般，顧爐火很辛苦，揮汗如雨，但熬著熬著，就會得到甘甜味美的收穫了。

Charlene

東門市場三代肉舖接班人的豚食好滋味

薑燒豬

建議份量：2-3 人
建議料理器具：平底鍋或炒鍋
料理難易度：★★
料理時間：10 分鐘

 材料

梅花豬肉片 …… 300g
洋蔥 ………… 半顆
沙拉油 ………… 適量
高麗菜 ………… 適量
白芝麻 ………… 少許

 調味料

薑泥 ………… 2 大匙
（老薑嫩薑各半）
醬油 ………… 2 大匙
糖 …………… 1 大匙

 材料準備

· 洋蔥切條。
· 高麗菜切絲。
· 薑磨成泥後混合。

 作法

1. 調味料混合均勻備用。
2. 鍋中加一點油，待油稍熱後，放入洋蔥絲，將洋蔥
   炒至半透明。
3. 加入豬肉片炒熟。
4. 加入調味料迅速翻炒均勻後就可以起鍋了。如果覺
   得太乾可以加一點水煨煮一下，不過要記得試味道
   有沒有被稀釋得太淡，再調整一下鹹淡。
5. 起鍋前可依個人喜好撒點白芝麻。

很多客人總會好奇，我們攤位的肉品這麼齊全，沒賣完的要怎麼辦？小時候我曾經看
過食品加工廠來收冰櫃裡沒賣掉的肉去做加工，但近十年來已經沒有了，因為加工廠
有了進口肉品的選擇，品質和成本都穩定，鮮少會來收冷凍肉了！那為什麼我們還總
是準備超量的產品呢？因為奶奶說：「我怕東西少了，客人挑不到自己喜歡的……」
奶奶對客人就像是對朋友一樣，幾十年來，真心不變。

Charlene

蔥爆肉絲

建議份量：2-3 人
建議料理器具：平底鍋或炒鍋
料理難易度：★
料理時間：15 分鐘

 材料

肉絲 …………… 300g
蔥 ……………… 1 把
蒜頭 …………… 2 瓣
辣椒 …………… 適量

 醃料

紹興酒 ………… 1 匙
醬油 …………… 2 匙
糖 ……………… 少許
太白粉 ………… 一小匙

 調味料

醬油 …………… 2 匙

 材料準備

· 肉切絲。
· 蔥切段。
· 蒜頭切末。
· 辣椒切段。
· 將肉絲拌入醃料。

 作法

1. 加入少許油，待油稍熱後，將蔥段放入爆香後撈起備用。
2. 將醃好的肉絲下鍋炒至變色。
3. 放入蒜末、辣椒及調味料炒至香味出來。
4. 炒到收汁入味後加入蔥段。
5. 待蔥段拌炒稍軟後，便可關火、起鍋。

東門市場三代肉舖接班人的豚食好滋味

偶爾會遇到客人見到我在市場工作，就說：「哎呀一個年輕女生做這多可惜！怎麼不去坐辦公室？還是當明星？」我總是用微笑代替回應，但心裡的想法是：「沒有任何一份工作需要被感到可惜，不管今天我有沒有成為新聞上、媒體上的豬肉西施，這份工作對我的價值已遠遠超過其他……」

Charlene

4-2 口感豐富的五花肉歐伊細！

　　五花肉是豬腹部連皮的部位，因為有明顯的三層顏色不同的肥瘦肉相間，所以又稱為「三層肉」。

　　這個部位不容易運動到，因此瘦肉的比例較低，相對油脂含量高，肥肉入口即化，而瘦肉中還帶有細微的油花，所以就算煮久也不會乾柴，適合用來作需要長時間燉煮的料理。

　　如何挑五花肉呢？
　　1. 肥瘦均勻。
　　2. 層次多。
　　3. 第一層瘦肉中帶有細微的油花。
　　4. 肉整塊寬且長。（表示豬是成熟了才宰殺，小隻的豬容易有味道）
　　5. 皮厚表示膠質比較多。

　　因為肉質屬性，五花肉經常用來滷製、紅燒，做成經典的重口味家常料理：如爌肉、東坡肉、梅干扣肉等；過節拜拜時，通常也會準備一塊水煮五花肉來祭祀，再搭配醬料就是口味相對清爽的蒜泥白肉。

　　客家人會將五花肉醃漬成鹹豬肉，用於熱炒料理。而在國外，美國人會將五花肉用來醃燻成培根，韓式烤肉也是使用五花肉來作為燒烤食材唷。

Tips 五花肉一定帶有油脂，所以別跟肉攤老闆說：要五花肉不要帶油，這太為難老闆了！若要全瘦無油脂，建議選擇其他的部位囉。

白切肉

建議份量：2-3 人
建議料理器具：電鍋
料理難易度：★
料理時間：30 分鐘

 材料

五花肉 ………… 六兩
鹽巴 …………… 少許

 調味料

醬油膏 ……… 2.5 大匙
烏醋 ………… 1 小匙
蒜泥 ………… 2 大匙
香油 ………… 1 小匙
開水 ………… 1.5 大匙

 作法

1. 將五花肉稍為清洗過後放入盤中，於表面撒上少許鹽巴。
2. 放入電鍋，外鍋倒入半杯水，按下開關，煮約 15 分鐘。
3. 待電鍋開關跳起後，再悶 10 分鐘。
4. 等待豬肉蒸煮的時候，將調味料調勻後備用。
5. 取出五花肉切成薄片。
6. 淋上醬料就完成了。

東門市場三代肉舖接班人的豚食好滋味

2016 年夏天，一個強颱讓整個北市滿目瘡痍，全面停班停課，所以爸爸說當天就休市吧。結果一早我接到爺爺的電話，要我去市場陪奶奶。原來批發市場的人跟奶奶說肉都沒有人拿，問她要不要？結果奶奶幾乎全收了！那天竟進了跟過年一樣的肉量。奶奶說這樣就算是颱風天，客人出門就可以買得到肉了，但路上根本一個人都沒有！我冒著強風豪雨去攤位找她，要她回家，不要管肉了，她一個人在那太危險我會擔心，但奶奶堅持不肯走！最後我擔心到在攤位前大哭。

奶奶：「（拿了 100 元給我）去買早餐，趕快回家睡覺！不用管我！」
我：「奶奶……這種天……連早餐店都沒開呀！！」

Charlene

鹹豬肉

建議份量：3-4 人
建議料理器具：平底鍋或炒鍋
料理難易度：★
料理時間：醃漬 2 天＋快炒 5 分鐘

 材料

五花肉 ………… 600g

 醃料

鹽 ………………… 15g
糖 ………………… 30g
粗胡椒粒 ……… 30g
蒜末 …………… 適量
辣椒 …………… 適量

 作法

1. 將醃料全部拌勻，均勻塗抹在五花肉的兩面。
2. 五花肉裝盤，多餘的醃料可平鋪在肉上。
3. 放置冰箱冷藏兩天，使其醃漬入味。
4. 隔天要翻轉五花肉並平鋪醃料，讓肉能均勻入味。
5. 兩天後將多餘的醃料拍掉或用水稍微沖洗五花肉。
6. 將五花肉整條切半，用平底鍋中小火煎熟。
7. 煎熟後的鹹豬肉可以切片後直接吃，或加入大蒜拌炒都很適合唷！

在攤位忙時最怕遇到要求刀工，或是一直把東西丟到檯面上、想插隊的客人。在忙亂的情況中，常常會因此而受傷，因為我們手上的每一把刀子都又長又鋒利，不小心碰到一下都不是小傷，常常因為一刀，傷口就會痛個好幾個星期，客氣一點的客人見狀會說聲抱歉，不客氣的客人看到會說：「刀上有你的血，我不買了！」
在市場工作這些年，見識過形形色色的客人，遇到這種客人也只能安慰自己：「還是有其他好客人的。」

Charlene

紅糟肉

 材料

五花肉 …………一條（約 600g）
地瓜粉 …………適量

 醃料

紅糟醬 …………150~180g
米酒 ……………2 大匙

 材料準備

· 五花肉去皮切成兩段。
· 將紅糟醬用米酒拌勻。

 作法

1. 將五花肉用醃料把二面塗抹均勻，放到保鮮盒裡。
2. 冷藏醃漬 5 天，使其入味。期間可取出將肉片位置上下交換，讓肉片接觸的重疊處能醃漬得更均勻。
3. 將醃好的肉片上面的紅糟醃料拍掉。(不可用水沖洗)
4. 將五花肉的兩面沾上地瓜粉，等待約五分鐘，讓粉料反潮。
5. 熱油鍋，插入一根木筷測試，筷子旁有泡泡表示溫度到了。將五花肉放入，用小火半煎炸，當筷子可以輕易將肉戳穿就是熟了。
6. 起鍋放涼，切片後就完成了。

有一些可愛的長輩會來攤位前看著我笑，最後才說：「我想給孫子找媳婦！」我想這是新聞帶來的誤會吧。媒體在介紹我的時候，總是會加上好媳婦和孝順這一類的形容詞，但我從沒認為回家工作是孝順的表現，也不覺得自己從事這個行業是如此值得被關注和讚賞，對我來說，選擇回家接手這份工作是我想要、也是應該的事。大家就還是把我當作一般豬肉攤的老闆娘就好啦。

Charlene

紅燒肉

建議份量：2-3 人
建議料理器具：平底鍋 + 電鍋
料理難易度：★
料理時間：1 小時

 材料

五花肉 ············· 300g
八角 ············· 3 粒

 調味料

醬油 ············· 2 大匙
米酒 ············· 1 大匙
冰糖 ············· 4~5 粒

 作法

1. 取一鍋，加少許油，將五花肉切塊後下鍋爆香至表面變色（或用熱水川燙也可以），變色後撈起置於平底鍋。
2. 加入兩大匙醬油和米酒一大匙（各家醬油鹹度不一，所以先加這樣就好，之後可以用冰糖做調整）
3. 醬油和米酒煮滾後加水（水量要足夠淹沒過肉）
4. 水再滾開後先嚐味道，太鹹可以加冰糖來中和，不夠鹹的就再加鹽巴或是醬油調整鹹淡。
5. 將材料倒進電鍋內鍋，外鍋放 1.5~2 杯水，燉煮約 30 至 40 分鐘，待開關跳起再悶 10 分鐘即可上桌。

曾經有位馬來西亞的朋友來攤位找我，給了我一個厚厚的信封，原來裡面有三頁寫得密密麻麻的信紙。他是馬來西亞的就業輔導師，他在當地看到了我的新聞，我的故事對他來說有很大的啟發，他覺得現在很多年輕人找不到工作的原因不只是大環境的不景氣，而是現今社會學歷太容易取得，畢業後對於行業和職稱又有很高的自我期許。沒想到台灣的年輕人對這方面沒有自我設限，在傳統市場工作也可以名揚海外，看到他對我有這麼大的賞識，我除了害羞和感謝之外，我想我做這個工作的價值又更加提升了！

Charlene

客家小炒

建議份量：3-4 人
建議料理器具：平底鍋
料理難易度：★★★
料理時間：乾魷魚泡一晚＋快炒 10 分鐘

 材料

五花肉 ………… 300g
豆乾 ………… 4 塊
蒜苗 ………… 1 根
芹菜 ………… 2 把
辣椒 ………… 2 根
乾魷魚 ………… 40g

 材料準備

· 料理前一晚先將乾魷魚泡冷水發泡（水約 200ml）靜置至少 10 小時。隔天將魷魚撕去紫膜後逆紋切條。
· 五花肉切粗絲。
· 豆乾切粗絲。
· 蒜苗切段。
· 芹菜切段。
· 辣椒切斜段。

 調味料

冰糖 ………… 4~5 粒
鹽巴 ………… 1/4 匙
醬油 ………… 1 大匙
米酒 ………… 2 大匙
烏醋 ………… 1 小匙

 作法

1. 平底鍋加點油熱鍋，先放入豆乾乾炒至表面微黃。
2. 待油被吸得差不多後，放入五花肉絲拌炒、逼出油脂。
3. 倒入預留的魷魚水翻炒一下，再加入冰糖拌炒。
4. 待豆干呈現金黃色澤時倒入芹菜、蒜苗、辣椒、魷魚。
5. 將其他調味料一起加入拌炒均勻後完成。

東門市場三代肉舖接班人的豚食好滋味

我們家自己包的水餃比小籠包還大，肉的比例遠遠高於青菜。現在我開始經營網路賣場賣水餃，爺爺時不時都會叮嚀：「肉要包得多一點，要跟自己家要吃的一樣大顆！不要怕客人吃！」
真材實料與真心實意，是爺爺奶奶傳承給我的、一直以來不變的經營理念。

Charlene

4-3 想要低脂健康就選里肌肉

　　里肌肉，是瘦肉比例含量較高的部位。分為大里肌肉、小里肌肉、中里肌肉三種，因為瘦肉比例高，肉質結實富有嚼勁，很適合做豬排類的料理。大里肌口感類似沙朗牛排，小里肌口感類似菲力是軟嫩的瘦肉部位之一。

　　這幾種里肌肉拿來做肉絲、肉片，配合其他食材拌炒、川燙都很合適。

…… 大里肌肉 ……

　　位於背脊兩側的長條形瘦肉，脂肪含量低，口感扎實，適合切片做煎、炸，或做烤肉片使用。不過通常這部位比較容易乾澀，建議可以選擇「雙色」的部位口感會軟嫩許多！

…… 小里肌肉 ……

　　又稱為腰內肉，為長條筒狀，顏色偏暗紅，鐵質含量高，肉中不帶筋、纖維細小，是小朋友和年長者很適合食用的瘦肉部位。

…… 中里肌肉 ……

　　又稱為老鼠肉，橢圓形肉色偏白，位於後腿肉中唯一一塊軟嫩的瘦肉，因為外型類似老鼠的身形而得其名。肉質軟嫩不乾柴，但很常與腱子肉搞混，所以務必辨識清楚。

香煎嫩豬

建議份量：2-3
建議料理器具：平底鍋
料理難易度：★
料理時間：醃漬 15 分鐘＋煎 5 分鐘

 材料

大里肌肉片⋯⋯⋯ 3 片（約 300 克）
蒜頭⋯⋯⋯⋯⋯⋯ 2 顆

 醃料

香油 ⋯⋯⋯⋯⋯ 1 小匙
烤肉醬 ⋯⋯⋯⋯ 1 大匙
黑胡椒 ⋯⋯⋯⋯ 少許
米酒 ⋯⋯⋯⋯⋯ 少許

 作法

1. 將蒜搗成泥、並將醃料全部拌勻後，放入肉片醃漬 15 分鐘。
2. 加入少許油將平底鍋預熱，放入醃漬好的肉片。
3. 肉片朝上那面冒出水分即可翻面煎，約 15~20 秒即熟透。
4. 煎好的肉排靜置一下再切，可以鎖住肉汁唷。

記得在第一次去攤位幫忙時，奶奶塞了一件白色的圍裙給我。

我：「白色很容易弄髒耶！」
奶奶：「我去日本看他們都穿白色的圍裙做生意！這樣都白白的，看起來乾淨，客人就會知道我們很衛生，不會油油的。」

雖然奶奶給的那件白色圍裙對我來說有點太大，但奶奶給的想法我保留了下來。所以現在大多數都穿淺色的上衣工作，讓攤位整體看起來很清爽！當奶奶把圍裙給我時，除了傳承了職位，還有態度跟精神的交棒與延續。

Charlene

酥炸豬排

 材料

小里肌 ………… 300g
蛋 ………………… 2 顆
中（低）筋麵粉 適量
麵包粉 ………… 適量
鹽巴 …………… 少許
高麗菜絲 ……… 適量

 作法

1. 把小里肌切成厚片（可自行決定要拍平還是厚切來炸。）
2. 在肉片上撒少許鹽巴。依序將肉片沾上麵粉、蛋液、麵包粉。肉片裹上炸粉後需靜置 5 至 10 分鐘待麵粉反潮。（這是避免入油鍋時，麵粉分離）
3. 油鍋開中大火，待油溫升至 160 度～ 180 度左右，將麵包粉碎屑丟入油鍋，有冒出許多細小的泡泡表示油溫夠高，即可將豬排下鍋油炸。
4. 放入豬排油炸約 3 至 5 分鐘後取出瀝乾。
5. 等待豬排油炸期間，將高麗菜洗淨後切絲備用。
6. 用大火拉高油溫後，再將肉片炸至金黃酥脆。（約 30 秒即可）
7. 最後依個人喜好搭配豬排醬、黃芥末或日式美乃滋。

 Tips　瀝油時要靜置 3 ～ 4 分鐘，讓餘溫燜熟肉片，即可切片享用。

看過這麼多客人，我最喜歡老伯伯，尤其是講著山東腔的伯伯，每次他們出現在攤位前都精神抖擻地用大嗓門喊著：「老闆！！！我要買五花肉！！！」他們真的很愛買五花肉，要層次最多的那種，海派的不得了，我挑哪塊他們就買哪塊。

我：「你不選呀？」
他便回說：「你是老闆！你挑的最好！」

能被客人信任的感覺，真的好有成就感。

東門市場三代肉舖接班人的 **豚食好滋味**

Charlene

糖醋里肌

建議份量：2-3 人
建議料理器具：油炸鍋＋平底鍋或炒鍋
料理難易度：★★
料理時間：30 分鐘

 材料

小里肌 ………… 300g
洋蔥 ………… 半顆
青椒 ………… 半顆
紅椒 ………… 半顆
蒜頭 ………… 3 瓣

 醃料

醬油 ………… 2 大匙
雞蛋 ………… 一顆
太白粉 ………… 少許

 調味料

番茄醬 ………… 3 大匙
白醋 ………… 2 大匙
醬油 ………… 1 大匙

 材料準備

· 肉先切成小厚片，再切成一口大小。
· 洋蔥、青椒、紅椒切成和肉差不多大小的片狀。
· 肉拌入醃料，太白粉要加至醃肉呈現有點乾的程度。
· 蒜頭切末。

 作法

1. 熱油鍋，溫度約 170 度時炸肉片，炸至肉片金黃可起鍋。
2. 醬料拌勻倒入炒鍋中煮滾。
3. 加入炸好的肉片。
4. 加入洋蔥、青椒、紅椒，一起拌炒均勻，即可起鍋。

這兩年，越來越多年輕爸爸來市場買菜，其中有位爸爸讓我印象特別深刻。他常常背著很大的網球裝備，看起來是運動完後來買菜。他第一次來的時候問了我整攤的每一樣排骨，最後選了好多樣，總共買了五、六斤肉回去，

我：「吃得了這麼多嗎？」
他：「我老婆喜歡喝湯，不知道她喜歡哪一種，所以我先全部買好了！」

我被他這一段話融化了。後來他帶了妻子來買肉，原來之前老婆是因為懷孕不方便出門，現在他們都是兩大一小來找我買骨頭回去煲湯。每次見他們，我都會回想到當初那次的對話，好溫暖！

Charlene

Part 5

豬肉的百變料理，
簡單做出好味道！

本章將常用的豬肉用法分為：
絞肉、肉片及肉絲，排骨料理，以及食補湯療等五種樣式。
並分別介紹幾道簡單、容易上手的超下飯食譜，
一下班就能咻咻咻迅速變出好料理唷！

5-1 豬肉的千變萬化

絞肉、肉片、肉絲用法

在傳統肉攤買肉的好處之一就是可以直接請老闆幫忙處理肉，看是要切片、切塊、切絲或是作成絞肉，甚至肉要絞得多細都是可以的唷，不只可以省去回家分切的時間，也可以減少一些被刀劃傷的風險啦！

（笑）旁邊的大姑姑也正埋頭細心地除去松阪肉的筋膜。如果想嘗試自己切肉，可以回到第一章（P.19～P.22）的切法介紹看看喔。

泰式打拋豬肉

建議份量：2-3 人
建議料理器具：炒鍋
料理難易度：★★
料理時間：15 分鐘

 材料

豬絞肉	300g
九層塔	2 把
聖女小番茄	半顆
辣椒	半根
蒜頭	3～4 瓣
檸檬	半顆

 材料準備

- 蒜頭切末。
- 辣椒其中 1 支切片，另外 2 支切碎。
- 九層塔洗淨剝碎。
- 小番茄切小碎塊。
- 檸檬切塊備用。

調味料

醬油	1 大匙
米酒	1 大匙
蠔油 or 醬油膏	1 大匙
魚露	1 大匙
糖	1 小匙

作法

1. 炒鍋中倒 1 大匙油，油熱後將蒜頭及辣椒放入，中火翻炒 2 至 3 分鐘。
2. 絞肉加入，用中火炒散至變色。加入番茄塊拌炒至稍軟。
3. 所有調味料加入，混合均勻翻炒約 2 至 3 分鐘。
4. 最後將九層塔加入，大火翻炒 30 秒即可關火。
5. 關火後擠入檸檬汁再稍微拌炒一下即可盛盤。

 Tips

1. 豬絞肉建議肥瘦各半，下鍋時只需要加一些沙拉油即可，較肥的豬絞肉在拌炒時會再出滿多油的，這樣可避免這道料理到最後會太油膩。
2. 建議可以將湯汁盡量收乾，這樣絞肉吃起來會更有肉香味喔！
3. 魚露本身已有鹹味，要小心地酌量添加，避免過鹹。

東門市場三代肉舖接班人的豚食好滋味

香煎漢堡排佐日式味噌醬

建議份量：3-4 人份
建議料理方式：平底鍋
料理難易度：★★
料理時間：40 分鐘

 材料

豬絞肉	約 400g
洋蔥	1/4 顆
蒜頭	3 瓣
蛋	1 顆
牛奶	30cc

 調味料

胡椒	10g
鹽	10g

〔日式味噌醬〕

赤味噌	1 大匙
醬油	1 小匙
味琳	1 大匙

 作法

1. 將洋蔥、蒜切成碎末，然後和絞肉一起放進大盆裡，打入一顆蛋後用手將材料拌勻。
2. 將肉團揉捏至有點黏性後，加入鹽和胡椒。鹽的份量視個人喜好斟酌（之後會再調醬料，所以不要貪心一次下重手）。
3. 抓出約一個手掌大小的肉排，用雙手小力來回拍打拋摔，將裡面的空氣拍出來直到肉排不會散開的程度即可準備下鍋煎。
4. 用大火先將兩面煎熟、封住肉汁。（記得翻一次面就好，不要一直翻，肉汁會流失）
5. 兩面煎熟之後，在鍋中加一些水，然後蓋鍋蓋悶熟。若按壓起來有彈性、且流出的肉汁清澈就是熟囉。
6. 利用鍋中的餘油，倒入赤味增、醬油和味霖及少許開水，開大火煮滾、收汁，就成了日式味增醬汁。

 Tips 下鍋前記得用手指將中心按個凹痕，因為肉變熟時會膨脹，按凹一些熟了以後會剛好飽滿！

古早味瓜仔肉

建議份量：3-4 人
建議料理器具：電鍋
料理難易度：★
料理時間：25 分鐘

 材料

豬絞肉 ……………… 350g
脆瓜 ……………… 一罐
蒜 ……………… 3～4 瓣

 調味料

醬油 ……………… 1 大匙
香油 ……………… 1 小匙
米酒 ……………… 1 大匙
胡椒 ……………… 10g

 作法

1. 把脆瓜切成碎丁，蒜切碎末，然後把脆瓜丁和蒜末倒入絞肉中，也將罐子裡的脆瓜醬汁全數倒入，加入醬油、香油、米酒及胡椒一起拌勻。

2. 將調味好的絞肉放入容器裡，在電鍋的外鍋倒入一量杯的水，放入絞肉，大約 15 分鐘後跳起，再悶約 5 分鐘即可。

 Tips

1. 這道瓜仔肉料理很簡單，也可以千變萬化，添加鹹蛋黃、香菇丁，甚至剝皮辣椒丁，都很不錯唷！

2. 因為這道料理太簡單、快速，所以開始預備料理時，我會先處理這道瓜仔肉，放進電鍋後就可以專心處理其它道菜餚了，真的是大推的超快速又下飯的一道料理。

東門市場三代肉舖接班人的豚食好滋味

回鍋肉

建議份量：3-4 人
建議料理器具：炒鍋
料理難易度：★★★
料理時間：20 分鐘

 材料

五花肉片	300g
豆干	8 塊
高麗菜	1/4 顆
蒜苗	2 根（也可用蔥）
蒜頭	5-6 瓣
辣椒	1 根

 調味料

辣豆瓣醬	2 大匙
糖	1 小匙
米酒	1 小匙
醬油	1 小匙
鹽	1 小匙

 材料準備

- 豆干洗淨斜切薄片。
- 蒜苗洗淨斜切成段。
- 高麗菜洗淨後用手撕成小片。
- 大蒜洗淨去皮切片。
- 辣椒洗淨切小段。

 作法

1. 炒鍋熱油，下豆干、加少許鹽，煎至微微呈現金黃色後，取出備用。
2. 原鍋再加點油，下蒜片、辣椒爆香後，下五花肉片，待豬肉變成金黃色後加一些米酒去腥。
3. 放入豆干，以及辣豆瓣醬 2 大匙、糖 1 小匙，拌炒均勻。
4. 下高麗菜片，拌炒至軟後加入醬油 1 小匙，試一下調味，加入蒜苗段，炒勻後便可起鍋盛盤。

 Tips
1. 這道菜需要快、狠、準，高麗菜才會脆口唷！
2. 這道料理的精隨是辣豆瓣醬，豆瓣醬要經過高溫油炒過之後香味會更提升呢！
3. 回鍋肉通常都使用肥瘦相間、口感豐富的五花肉，熱炒五花肉的秘訣是要「熱鍋少油」，炒到肉片微卷起，就可以再加入下一道配料拌炒。

蜜汁叉燒

建議份量：2-3 人
建議料理器具：烤箱＋單柄鍋
料理難易度：★★★
料理時間：醃漬 2 天；烤製 45 分鐘

 材料

梅花肉塊 …… 300 公克
蒜頭 ……… 4 瓣

 醃料

蜂蜜 ……… 45g
糖 ………… 120g
醬油 ……… 120g(半碗)
蠔油 ……… 1 大匙
酒 ………… 3 大匙
水 ………… 100g(半碗)
五香粉 …… 1/2 小匙
蒜末 ……… 1 大匙

 作法

1. 將醃料煮滾後放涼。將梅花肉放進醃料中拌勻，放入冰箱醃兩天。（期間要翻動，讓所有肉面都能浸泡到醃料）
2. 取出醃好的肉，拍掉醃料。烤盤上墊一張鋁箔紙，將肉放在上面。
3. 烤箱預熱，用 200 度 C 或 400 度 F 烤約 40 分鐘。
4. 將醃料中的蒜末濾掉後，留作烤醬。每隔 10 分鐘用烤醬刷一次肉，並翻面。
5. 40 分鐘後，在肉的表面刷上一層蜂蜜，再放入烤箱用 165 度 C 或是 325 度 F 再烤五分鐘即可。

 Tips

1. 做蜜汁燒肉時，梅花肉的厚度不要切太厚，醃料比較好入味之外，也比較容易熟唷！
2. 家裡如果沒有烤箱，用平底鍋小火煎烤（鎖住肉汁）後，再放入電鍋（熟成均勻）也是可以的。

大根燒肉片

建議份量：3-4 人
建議料理器具：炒鍋
料理難易度：★★★
料理時間：15 分鐘

 材料

五花肉片 ⋯⋯⋯⋯ 150g
白蘿蔔 ⋯⋯⋯⋯⋯ 半根
紅蘿蔔 ⋯⋯⋯⋯⋯ 1 根
水 ⋯⋯⋯⋯⋯⋯⋯ 400cc

 調味料

醬油 ⋯⋯⋯⋯⋯⋯ 1.5 大匙
味噌 ⋯⋯⋯⋯⋯⋯ 20g
柴魚粉 ⋯⋯⋯⋯⋯ 1 小匙
糖 ⋯⋯⋯⋯⋯⋯⋯ 2 小匙
米酒 ⋯⋯⋯⋯⋯⋯ 1 小匙

 作法

1. 白蘿蔔和紅蘿蔔去皮，切約 2 公分圓片狀後再對切。
2. 所有調味料混合均勻，備用。
3. 熱鍋，倒入適量沙拉油，放入肉片炒至變色，再放入
   白蘿蔔和紅蘿蔔片拌炒均勻。
4. 加入已混合的調味料及水，將湯汁煮滾後，轉中小火
   慢煨至白蘿蔔熟透（可用筷子輕易戳穿），再開大火
   收至湯汁濃稠即可。

Tips

1. 「大根」即是日語的「白蘿蔔」。
2. 像蘿蔔這種的根莖類蔬菜耐久煮，因此需要切成薄片，待蔬菜入味之後再加入已先
   煎半熟的肉片略燒煮一下即可，這樣的程序才不會讓肉過老喔。
3. 如果要節省料理時間，也可以把已經拌炒出肉汁及油脂、六七分熟的肉片，與切好
   的紅白蘿蔔、味噌及開水放入電鍋中，利用電鍋先將蘿蔔煮至熟透。如果不想要這
   麼多湯汁，待蘿蔔熟透後再將原鍋倒入炒鍋中，大火將湯汁收乾一些即可。

五香豆干肉絲

建議份量：2-3 人
建議料理器具：炒鍋
料理難易度：★★⌣
料理時間：醃漬 20 分鐘；
快炒 15 分鐘

 材料

里肌肉絲 300g
豆干 .... 10 塊
蒜頭 .... 4 瓣
辣椒 .... 1 根

 調味料

醬油 .... 1 大匙
蠔油（或醬油膏也可）
.... 1 大匙
太白粉 .... 1 小匙
香油 .... 幾滴

 作法

1. 肉絲加入 1 大匙醬油及 1 大匙清水，拌勻，放 20 分鐘以上醃漬備用。
2. 蒜頭切末、辣椒切絲、蔥切絲、豆干切細絲。
3. 煮一鍋滾水，把豆干絲放進水中滾 3 分鐘，去除豆味之外也能讓豆干吃來更軟嫩。
4. 肉絲下鍋前，加入 1 小匙太白粉攪拌均勻。
5. 熱油鍋，放入醃好的肉絲，炒到五分熟。放入蒜末、辣椒絲，拌炒均勻。
6. 加入豆干絲拌炒均勻後，加入一大匙醬油炒到均勻上色、再加入蠔油（或醬油膏），拌炒均勻後關火，滴上幾滴香油後即可盛盤。

 Tips

1. 如果不敢吃辣，還是可以加入辣椒來配色，只要把辣椒籽去除就可以除掉辣味來源囉。
2. 切豆干時，可將刀子與豆干平行先片成薄片，然後再切絲會比較容易喔！這步驟會稍微考驗一點刀工。
3. 這道料理的主角是豆干，因此建議豆干的量可以多一些，蒜頭的提味效果也非常棒，因此也建議可以多加一些喔～

京醬肉絲

建議份量：2-3 人
建議料理器具：炒鍋
料理難易度：★★
料理時間：25 分鐘

 材料

里肌肉絲 .... 300 公克
蔥 .... 3 支
大蒜 .... 2 瓣
紅辣椒 .... 1 支

 調味料

〔A 料〕
米酒 .... 一小匙
醬油 .... 一小匙
太白粉 .... 一小匙
鹽 .... 1/2 小匙
水 .... 1 大匙
〔B 料〕
甜麵醬 .... 2 大匙
味增 .... 1/4 大匙
糖、米酒 .... 1 小匙
醬油 .... 1 大匙
拌勻備用。

 作法

1. 將肉絲加入 A 料醃 10 分鐘。
2. 大蒜洗淨、拍碎、去皮、切末備用。
3. 蔥洗淨、先切 6 公分長後、對剖，再切細絲、泡入冰水冰鎮後取出擺盤。
4. 紅辣椒洗淨、切絲用。
5. 鍋中倒入 2 大匙沙拉油燒熱，放入豬肉絲略炒，盛起備用。
6. 原鍋原油繼續加熱，然後加入蒜末爆香，加入 B 料炒香。最後加入肉絲，拌炒至熟即可盛盤。

 Tips 如果這道料理想試試看搭配白飯以外的食材，除了最道地的斤餅之外，也推薦搭配白饅頭。白饅頭對切切開之後放入乾鍋中微煎烤一下，饅頭微微酥脆焦香、散發出淡淡麵粉香味，搭配甜甜醬香的京醬肉絲，非常對味！

魚香肉絲

建議份量：2-3 人
建議料理器具：炒鍋
料理難易度：★★
料理時間：15 分鐘

 材料

梅花肉絲 ·········· 350g
黑木耳 ············ 3 朵
薑 ·············· 4 片
蒜頭 ············ 4 瓣
蔥 ·············· 1 枝
紅蘿蔔 ············ 4 片

 醃料

醬油 ············ 3 大匙
胡椒 ············ 少許
糖 ·············· 1 小匙
香油 ············ 1 小匙
米酒 ············ 2 大匙
太白粉 ·········· 1 大匙

 調味料

辣豆瓣醬 ········ 2 大匙
糖 ·············· 少許
醬油 ············ 1 大匙

 材料準備

· 將豬肉、黑木耳、辣椒和紅蘿蔔切絲。
· 薑、蒜切成細末。
· 蔥切成蔥花後備用。
· 將豬肉絲與醃料混和（太白粉除外），攪拌到豬肉絲完全吸收水分後，再加入太白粉攪拌均勻。

 作法

1. 起油鍋，將豬肉絲炒至七分熟後起鍋備用。
2. 同一油鍋，將薑末、蒜末爆香後加入辣豆瓣醬炒香。
3. 放入豬肉絲、木耳絲炒熟，放入辣椒絲爆香，再加入 1 大匙醬油和少許糖調味。
4. 撒上少許蔥花，拌炒均勻後即可關火盛盤。

 Tips

魚香肉絲是一道常見的川菜料理，料理完成後，很神奇地具有魚香味，但裡頭的食材其實是沒有「魚」。魚香是由泡紅辣椒、鹽巴、醬油、白糖、薑末、蒜末、蔥調製而成的，具有鹹、酸、甜、辣、香、鮮和濃郁的蔥、薑、蒜味的特色料理，只不過，在台灣一般都改用辣椒醬或辣豆瓣醬來取代不易取得的泡紅辣椒了。

5-2 經典家常排骨料理

　　豬排骨是許多人喜歡選擇拿來燉湯的肉品之一，不過除了燉湯之外，其實有許多菜色也很適合用排骨來做成料理呢！而且排骨很適合拿來做成各式菜餚，不管是煎煮炒炸，滋味都很棒！

　　在讀過了前面 Part2 關於各式排骨的介紹與說明，是不是更了解各式各樣的排骨了呢？在這單元，我挑選了五道排骨料理分享給大家，其中有建議使用的排骨品項，當然，如果各位有自己偏好的口感，也可以替換成更適合自己口味的排骨喔！

　　這五道排骨料理，分別為紅燒肋排、粉蒸排骨、豉汁排骨、椒鹽排骨及比較少見的腐乳燒排骨，都是非常簡單、好上手，甚至是十分鐘就能完成的電鍋料理唷！如果作這幾道料理，當天白飯一定要備足啦，都是非常下飯的菜餚。

東門市場三代肉舖接班人的豚食好滋味

P.S. 偷偷說，在攝影棚拍食譜照片時，自己炸了椒鹽排骨還忍不住偷吃幾塊，現炸的排骨真的是太香了啦！（想到又要流口水了）

紅燒肋排

建議份量：3-4 人
建議料理方式：平底鍋 + 深炒鍋
料理難易度：★★★♩
料理時間：醃漬 1 晚 + 燒煮 1 小時

 材料

豬肋排	1200g
薑片	4 片
蔥白	2 枝
八角	4 粒
蒜頭	4 顆

 醃料

醬油	2 大匙
冰糖	1/2 大匙
紹興酒（米酒也可）	2.5 大匙
五香粉	2 大匙
胡椒粉	少許

 作法

1. 豬肋排用流動自來水沖洗約五分鐘，將血水去除。
2. 洗淨肋排將水瀝乾，倒入醬油、酒及冰糖，放入冰箱醃漬一晚。
3. 拿一平底鍋，倒入少許沙拉油，放入排骨，開中火，煎到兩面焦黃後盛起備用。
4. 將八角、薑片下鍋爆香，香氣出來後再放入蒜頭和蔥白爆香。
5. 取一深炒鍋，放入肋排，倒入醃料，加入開水蓋過排骨。
6. 開大火將水煮至沸騰，撈出浮沫。
7. 蓋上蓋子，以中火煮 30 分鐘。
8. 加上一把冰糖（約 3-4 顆），續煮至醬汁逐漸收乾。期間要不時翻動避免燒焦。
9. 約一小時後排骨便軟爛入味，視個人喜好可留一些醬汁或將湯汁收乾。

 Tips

1. 這道料理的難度在於如何將肋排煮軟，除了上述使用鍋子燜軟之外，也能使用電鍋來節省烹煮時間喔，讓爐火空間更有彈性來同步處理其他料理。豬肋排洗淨之後，在鍋中加入蓋過的水量及薑片，放入電鍋中，外鍋放兩杯水煮至熟軟。
2. 還有一個很神奇地讓肋排快速軟爛的方法──加入木瓜皮，利用木瓜酵素來快速軟化排骨，家裡如果剛好有木瓜的話，可以試試看喔！

粉蒸排骨

建議份量：2-3 人
建議料理方式：電鍋
料理難易度：★★
料理時間：醃漬 1 晚＋蒸煮 1 小時

 材料

梅花排	300g
地瓜	3 條
蔥	1 根
蒸肉粉	半包

 醃料

蒜末	1 大匙
薑末	1 大匙
醬油	1 大匙
酒	1 大匙
糖	1 小匙
水	2 大匙
胡椒粉	少許

 作法

1. 將排骨用活水沖洗、直至沒有血水流出。
2. 排骨瀝乾後，將醃料混合均勻後放入排骨攪拌均勻，放入冰箱醃漬一晚。
3. 地瓜刷洗乾淨、去皮，切成塊狀鋪在盤中備用。
4. 取出醃好的排骨瀝乾、拍掉上面的醃料，倒入半包蒸肉粉後，輕輕用手抓一抓，讓蒸肉粉均勻沾裹在排骨上，然後將排骨鋪在剛才切好的地瓜上面。
5. 將地瓜和排骨放入電鍋加入 2 杯水蒸約半小時，待電鍋跳起後再加入 2 杯水（熱水），蒸半小時，就完成囉。

 Tips
1. 鋪在排骨下方的根莖類蔬菜可以用芋頭、南瓜、山藥、馬鈴薯或是紅蘿蔔來取代喔。
2. 如果擔心無法掌握如何將蒸肉粉薄鋪一層在排骨上的話，可以將適當份量的蒸肉粉（600g 排骨約半包蒸肉粉）倒入裝了排骨的鍋中，用攪拌的方式讓排骨沾附蒸肉粉，就不用擔心下手過重，粉味太重了！

豉汁排骨

建議份量：2-3 人
建議料理方式：電鍋
料理難易度：★★
料理時間：醃漬 1 小時 + 蒸煮 25 分鐘

 材料

五花排 ············· 300g
豆豉 ··············· 2 大匙
太白粉（或生粉）
············· 1 大匙
蔥 ·················· 3 根

 醃料

米酒 ··············· 1 大匙
醬油 ··············· 2 大匙
鹽 ·················· 適量
糖 ·················· 適量
蔥白末 ············· 3 根
薑末 ··············· 1/2 匙
辣椒末 ············· 適量

 調味料

麻油 ··············· 1 大匙
〔蒜油〕
豆豉 ··············· 2 大匙
蒜末 ··············· 2 大匙
沙拉油 ············· 2 大匙

 作法

1. 將排骨用活水沖洗、直至沒有血水流出。
2. 排骨瀝乾後，放入醃料拌勻，醃漬一小時。
3. 製作蒜油：豆豉洗淨切碎，加入沙拉油及蒜末拌勻，放入電鍋、外鍋加半杯水加熱約 10 分鐘，電鍋跳起後取出放冷。
4. 將醃漬好的排骨加入一匙麻油、連同醃料及步驟 3 已放冷的蒜油用手抓醃。
5. 拌入一點太白粉（或生粉）後，倒入大盤中，盡量將排骨攤開鋪平。
6. 放入電鍋中，外鍋加入一杯水，約 15 分鐘跳起後取出，撒點蔥花即可上桌。

 Tips

「豉汁」，其實就是台灣人比較熟悉的「豆豉」，別看它小小黑黑的不起眼，其實營養價值很高呢！以中醫的角度，豆豉是可以入藥的喔。豆豉，在國際上又有，美名為「營養豆」，因為豆豉中含有大量蛋白質、維生素和礦物質，因為味道鮮美濃郁，在料理配食特別有風味，更讓人胃口大開。日本人極其喜愛食用豆豉，日本專家還曾經對豆豉做了研究，發現豆豉對人體具有十大好處：幫助消化、預防疾病、減緩衰老、增強腦力、提高肝臟解毒功能、防止高血壓、消除疲勞、預防癌症、減輕醉酒、減輕疼痛，所以吃豆豉對身體是非常健康營養的。

椒鹽排骨

建議份量：2-3 人
建議料理器具：單柄鍋
料理難易度：★★★★
料理時間：醃漬 20 分鐘 + 油炸 15 分鐘

 材料

排骨	300g
地瓜粉	1/2 碗
蔥	1 支
蒜頭	5 瓣
辣椒	1 條
花椒粒	1 大匙

 醃料

蒜末	1 小匙
蔥末	1 小匙
胡椒鹽	1 小匙
醬油	1 小匙
水	1 小匙
米酒	1 小匙

 調味料

胡椒鹽	1 小匙
鹽	1 大匙

 材料準備

- 蔥、蒜、辣椒切細末備用。
- 排骨加入醃料後抓拌均勻，醃 20 分鐘。取出排骨，瀝乾後，再加入地瓜粉抓捏均勻。

 作法

1. 起油鍋，將醃過的排骨炸上色後先撈起，再將油溫提高後，放回排骨，以大火炸酥後即可撈起瀝油。
2. 取一乾淨鍋子，不放油，乾炒花椒粒到出香味，加入鹽拌炒均勻後，用濾網濾掉花椒，保留花椒鹽。
3. 再取一個乾淨的鍋子，不加油，放入炸好的排骨，以及蒜末、蔥末、辣椒末一起翻炒至蒜末酥黃，再灑入花椒鹽、胡椒鹽即可。

 為了避免地瓜粉與水接觸後糊化，因此等排骨醃好後，要入鍋炸之前，再將地瓜粉撒上，而且只要輕輕的讓地瓜粉沾附在排骨外層就可以了。

東門市場三代肉舖接班人的豚食好滋味

腐乳燒排骨

建議份量：2-3 人
建議料理器具：炒鍋
料理難易度：★★★
料理時間：30 分鐘

 材料

梅花排	300g
豆腐乳	2 小塊
薑	4 片
蔥	2 把
蒜頭	4 瓣
豆腐乳	3 塊

 調味料

腐乳汁	3 匙
水	3 碗
冰糖	20g
醬油	1 匙
米酒	1 匙

 材料準備

· 將排骨用活水沖洗、直至沒有血水流出。
· 蔥分切成蔥白和蔥綠，蔥綠部分切成蔥花，蔥白切
　段，薑、蒜切末備用。
· 撈起排骨瀝乾，並用廚房紙巾吸乾水份。

 作法

1. 起鍋加熱，倒入油，待油溫升高、鍋邊出現油紋時，
　 放入排骨煎至表面金黃，撈起瀝油。
2. 用鍋內剩餘的油煸香薑末、蒜末和蔥白段。
3. 鍋內倒入腐乳汁、冰糖、醬油、米酒及水，開大火煮
　 沸湯汁。
4. 待湯汁煮沸後放入排骨，確認湯汁是否醃過排骨，如
　 果沒有，再加入一點水，直到醃過排骨。
5. 大火再次煮沸後，加蓋轉小火悶煮 30 分鐘。悶煮期
　 間記得不時翻動排骨。
6. 30 分鐘後，開大火收濃醬汁即可

5-3 養身食補湯療

　　東方人因為注重養生，因此外表看起來很凍齡，中醫也很建議可以藉由好食材加上適當的中藥材來燉煮湯品，各種食材藉由小火慢燉熬煮出精華，簡單的就能攝取到營養成分，藉由湯水的型態，也讓身體能夠更快、更好吸收唷！

　　在熬煮湯品時，有幾項建議要提醒大家：

1. 當餐要使用的肉品，用流動冷水清洗：

　　買回來的肉，留下當餐要使用的部分，其餘分切後放進冰箱保存。將肉品切成適當大小放入盆裡，置於水槽中以流動的水沖洗，除了可以去除血水外，還有去腥、去雜質的作用。之後入沸水中　燙，更可去除殘留的血水和異味，也能消除部分脂肪，避免湯過於油膩喔。

2. 中藥材皆須清洗：

　　中藥材的製作過程，都會經過乾燥、曝曬與儲存，在這些過程中，會蒙上一些灰塵與雜質。因此在使用前，最好用冷水稍微沖洗一下，但千萬不可沖洗過久，也不要浸泡（除了枸杞，需要先用酒水浸泡已回軟），以免讓藥材中的水溶性成分流失喔。此外，中藥材不要一次買太多，免得用不完，放久後發黴走味。不過現代人講求方便，因此大賣場或超市都有賣一些湯品的中藥包，很適合一餐使用喔！

3. 不是燉久就一定好：

　　煲湯雖然需要長時間以慢火熬煮，但並不是時間越長越好，以肉類來說，2 至 3 小時最能熬煮出新鮮風味。專家也提出相關研究，長時間加熱會破壞煲湯類菜餚中的維生素，所以只要熬到食材熟透、肉類至喜愛的口感即可。

　　這個單元介紹了藥燉排骨、麻油腰子、蘋果雪梨排骨湯、花生燉豬腳、酸菜肚片湯，看起來好像都是餐廳菜色，但其實一點都不難喔，用多一點點的時間就能得到好吃、好喝又養身的湯品，推薦給大家！

東門市場三代肉舖接班人的豚食好滋味

藥燉排骨

建議份量：3-4 人
建議料理器具：電鍋
料理難易度：★★★★
料理時間：1 小時

 材料

梅花小排 …………… 600g
藥燉排骨料理包 … 1 袋
紅棗 ………………… 5 顆
滷包袋 ……………… 1 個

 調味料

糖 …………………… 2 匙
鹽 …………………… 2 匙
米酒 ………………… 1/2 碗

 材料準備

· 將藥膳料理包中的材料（除了桂枝，不織布包的）及
紅棗用清水沖洗後，浸泡 15 分鐘以去除雜質。浸泡
完成後瀝乾。將藥膳料理包的中藥材（除了枸杞）裝
進滷包袋中備用。

· 將排骨用活水沖洗、直至沒有血水流出。瀝乾備用。

 作法

1. 取電鍋的內鍋，將排骨、紅棗、桂枝、滷包放入，再
放入約 1200cc 的清水（沒過排骨），倒入米酒、鹽、
糖。（注意所有食材都要完全浸泡到）

2. 電鍋外鍋倒入 2.5 杯水，再放入裝有食材的內鍋，蓋
上鍋蓋後按下開關燉煮約 45 分鐘。

3. 開關跳起後，試試湯汁鹹淡再作微調，放入枸杞，倒
入一匙米酒。外鍋再倒入 2.5 杯水，蓋上鍋蓋再次燉
煮至排骨軟爛（約 45 分鐘）。

 Tips

1. 藥燉排骨有助火的功效，食用後可讓全身發熱，促進血液循環，改善冬天手腳冰冷
及畏寒的症狀，因此冬天食補的選擇，有羊肉爐、薑母鴨、藥燉排骨等藥膳料理，
其中屬性最溫和者，自然非藥燉排骨莫屬了。藥燉排骨對於筋骨痠痛、化瘀、四肢
痠痛……等症狀也頗有改善及舒緩的功效。

2. 除了肋排之外，也能選擇龍骨（小排骨）、豬尾椎，燉起來的口感也很不錯喔。

麻油腰子

建議份量：2-3 人
建議料理器具：深炒鍋
料理難易度：★★★
料理時間：15 分鐘

 材料

腰子 ……………… 一副
薑 ………………… 10 片
枸杞 ……………… 20g

 調味料

香油 ……………… 1 匙
麻油 ……………… 3 匙
米酒 ……………… 半瓶
鹽 ………………… 少許

 作法

1. 枸杞洗淨後用一些米酒浸泡，讓枸杞回軟。薑切片備用。

2. 腰子切十字花刀，先直線切，不要切斷，大約三分之二的深度即可。接著將腰子橫放，從另一邊斜刀（約 45 度角）下刀，一樣切三分之二的深度，第二刀同樣不切斷，第三刀斜切後整個切斷。

3. 煮一鍋滾水，水滾後下腰子，立刻關火。腰子泡約 30 秒後撈起，用冷水沖洗、降溫。沖洗、浸泡到腰子沒有熱度即可，一來可去掉血水，二來可以幫助腰子更有彈性！

4. 鍋中倒入少許麻油，放入薑片，用小火煸香，約一～兩分鐘即可，麻油加熱過久會產生苦味。

5. 放入腰子，用小火拌炒至熟，不能過度攪拌，避免腰子破裂。

6. 倒入枸杞和米酒，轉中大火煮滾，讓酒精略為揮發。

7. 煮滾後關火、鍋邊淋上香油、加入少許鹽巴提味，再略為拌勻即可盛盤。

東門市場三代肉舖接班人的豚食好滋味

 Tips

1. 腰子要去除裡面、白色帶血的筋膜部位，這裡是尿騷味和腥味的來源喔！購買時可以請攤商老闆幫忙處理。

2. 腰花不要切得太薄，需要有點厚度才能保有 Q 彈的口感。

3. 豬腰子含有蛋白質、脂肪、碳水化合物、鈣、磷、鐵和維生素等豐富營養素，在中醫的角度，其中「以形補形」的說法，腰子有健腎補腰和治腎病、治身面浮腫、治盜汗、治腰痛之功效，對腰及膝蓋常酸痛，或產後腰部酸軟無力都有其食補之功效喔。

4. 麻油的好處也很多，因此麻油被廣泛應用在中菜料理中。麻油中富含維生素 E，可以幫助清除自由基，因此可以抗衰老。而麻油也富含單元不飽和脂肪酸，因此對保護心血管疾病也有幫助；再者，吃好的油脂也能幫助潤腸通便。

蘋果雪梨
排骨湯

建議份量：2-3 人
建議料理器具：電鍋
料理難易度：★★
料理時間：1 小時

 材料

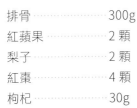

排骨	300g
紅蘋果	2 顆
梨子	2 顆
紅棗	4 顆
枸杞	30g

 調味料

鹽 ⋯⋯⋯⋯⋯ 適量

 作法

1. 蘋果和梨子去籽切成 6 片。
2. 排骨用活水沖洗至無血水。
3. 取一電鍋內鍋，放入紅棗、枸杞，加上適量的水，淹沒排骨的高度。外鍋放入 2 杯的水，燉煮 40 分鐘。
4. 待開關跳起後，放入蘋果片及梨子片，外鍋再放入1.5 杯的水，再燉煮半小時。
5. 開關跳起後，加入適量的鹽調味、拌勻，即完成。

 Tips

1. 電鍋如果要再續煮，外鍋要再加水時，一定要使用熱水，以免鍋內溫度驟降，而影響了烹調時間及料理的美味程度。

2. 蘋果中含有豐富的碳水化合物、維生素和微量元素，燉成湯品能生津止渴；而雪梨性味甘寒，具有清心潤肺的作用，對喉痛、聲啞、痰稠等症狀皆有效；雪梨又具有降低血壓、清熱的功效，因此對於患高血壓、心臟病、肝炎、肝硬化的病人也大有益處；再者，雪梨還能促進食慾、幫助消化，並有利尿通便和解熱作用，可在夏天高溫炎熱時用來補充水分和營養喔。這道湯品喝來溫順又開胃，因此很適合炎熱的夏天。

花生燉豬腳

建議份量：2-3 人
建議料理器具：湯鍋 + 電鍋
料理難易度：★★★
料理時間：浸泡 1 晚 + 蒸煮 1.5 小時

 材料

後腳 ………… 一隻
花生粒 ……… 300g
薑 …………… 3 片
枸杞 ………… 10g
香菇 ………… 3~4 朵
紅棗 ………… 8 顆

 調味料

鹽 …………… 1 匙
米酒 ………… 1/2 碗

 作法

1. 將花生粒泡水浸泡一晚，讓花生軟化。
2. 取一水鍋、煮滾後放入剁好的豬腳塊，先把豬腳內的雜質煮出，約 3 至 5 分鐘。倒掉鍋內的水，一邊用冷水沖洗豬腳以去除油水。
3. 電鍋內放入濕花生、紅棗、枸杞、香菇、薑片、豬腳塊，再放入米酒及適量的水蓋過食材。外鍋放入 2 杯的水，按下開關燉煮約 40 分鐘。
4. 待開關跳起後，再於外鍋加 2 杯水，按下開關進行第二次燉煮。（約 40 分鐘）
5. 開關跳起後不開蓋，再續悶 10 分鐘即可。上桌前再加入適量的鹽來調味。

 Tips

1. 許多哺乳中的媽咪會喝花生豬腳湯來發奶，因此建議哺乳期間如果要吃這道料理，不要加入酒唷！
2. 豬腳富含膠原蛋白，而花生富含維生素 E，以及豐富的植物性蛋白質、鈣、鐵，因此這兩樣食材都是天然的養顏補品。豬腳中含有一種膠原蛋白，是構成人體肌腱和韌帶的主要成分，也是形成骨骼框架的重要成分，人體缺乏膠原蛋白時，不只會使肌膚彈力老化而已，也會引起器官的彈力下降，使人體衰老。

東門市場三代肉舖接班人的豚食好滋味

酸菜肚片湯

建議份量：2-3 人
建議料理器具：電鍋 + 深炒鍋
料理難易度：★★★★
料理時間：2.5 小時

 材料

豬肚	1 副
酸菜心	150g
筍子	150g
薑	10 片
黑木耳	1 片
青蔥	2 枝
高湯	200cc

 調味料

白醋	1/2 匙
魚露	1 匙
白胡椒粉	少許
香油	少許

 醃料

蔥	2 根
薑	數片
八角	2 顆
米酒	2 匙
冷開水	適量

 作法

1. 肚洗淨後，取一電鍋內鍋，加入 1 根蔥、幾片薑、2 顆八角、少許米酒去腥、加水淹過豬肚，入鍋蒸 2 小時。

2. 市售的酸菜心通常很鹹，因此先泡水降低鹹度。竹筍切片、蔥斜切成段、薑切絲、酸菜切片、黑木耳切片、豬肚切片。

3. 起鍋熱香油，爆香薑絲，放入 4 湯杓的燙酸菜水，再放入酸菜、豬肚、筍片、黑木耳及高湯一起煮滾。

4. 撈去雜質，加入蔥一起煮滾後關火，放入魚露、胡椒粉、白醋、少許香油，攪拌均勻即可上桌。

 Tips

1. 豬肚含有蛋白質、脂肪、碳水化合物、維生素及鈣、磷、鐵等，具有補虛損、健脾胃的功效，白話來說，豬肚也是很適合溫補的食材之一，尤其針對脾胃虛弱、容易拉肚子的人有很好的食補效果喔。也因此，從古代起，豬肚就常被用來入菜、入藥來調養身體。

2. 酸菜也是平民的營養補品，因為酸菜在發酵的過程中，會產生許多種類的益生菌，可以調整人體腸道內、好壞菌的平衡。而酸菜也含有維生素 C 及維生素 U，維生素 U 對於治療胃潰瘍也有不錯的療效，也因為酸菜的好處很多，因此食用酸菜的國家並不只是東方國家，像是德國也很喜歡用肉類料理來搭配酸菜，不只酸脆、開胃，解油膩，更能從中得到豐富的營養！

Part 6

特別企劃！
東門公主的獨家創意料理

除了常見的中式菜餚，豬肉也可以廣泛應用在各國料理中唷！
本章邀請了大主廚來設計跨國界的豬肉料理，其中包含五道超美味主
食，以及五道適合帶去野餐的輕食料理。

6-1 跨國界吮指私房料理

　　大家對於豬肉料理，第一時間想到的應該大都是中式的菜色吧！但其實許多國家的料理也很喜歡使用豬肉唷，這個單元特別商請了我的好朋友、法國藍帶廚藝學院畢業、人氣網紅主廚——廚佛瑞德幫忙設計創意菜單，希望可以讓大家看到豬肉料理有更多元、更不一樣的變化！把這幾道菜學會，就可以在朋友聚餐、在男友面前就能端出這些菜來獻藝一番啦～～

　　這個單元列出的五道菜餚，美式 BBQ 豬肋排、培根鯛魚捲佐橙汁奶油醬、黑胡椒豬肉義大利麵、蘑菇豬肉奶油起司燉飯、川味椒麻豬五花，看起來好像很厲害、很難，感覺應該不是那麼容易掌握，替大家考量到這點，因此有特別與主廚討論，請他盡量簡化一些流程，並使用容易取得的材料，就算是料理新手也能很容易學會喔！

　　不過異國料理比較特別一點的是，需要使用到的香料食材會比較多，但也就是因為有這些香料的加持，才能成就不同的風味，來展現各國的料理特色。推薦大家可以試試看，真的非常美味！

　　P.S. 在攝影棚料理時，香味誘人到連身經百戰的攝影師都忍不住跑到廚房聞香～～要不是要留著拍出美美的照片，不然我跟編輯真的好想立刻吃掉這些菜，哈哈。

廚佛瑞德粉絲團

東門市場三代肉舖接班人的豚食好滋味

美式 BBQ 豬肋排

建議份量：2-3 人
建議料理器具：烤箱
料理難易度：★★
料理時間：4.5 小時

 材料

豬肋排 ············· 1 條
蘋果 ··············· 2 顆
洋蔥 ··············· 2 顆
鳳梨 ··············· 2 顆
美式 BBQ 醬 ··· 適量
可樂 ··············· 1 罐
醬油 ··············· 2 大匙
黃芥末 ············· 適量

 調味料

小茴香粉 ·········· 10g
黑胡椒粉 ·········· 15g
紅椒粉 ············· 10g
香蒜粉 ············· 10g
黑糖 ··············· 10g
鹽 ··················· 5g
義大利香料 ······ 10g

 材料準備

· 豬肋排用清水沖洗至無血水，瀝乾備用。
· 洋蔥去膜後切塊。
· 蘋果不削皮切塊。
· 鳳梨取果肉、切片。

 作法

1. 將豬肋排、洋蔥、鳳梨及蘋果放入烤盤。
2. 倒入可樂與醬油，包上鋁箔紙，放入烤箱 180 度，烤 1.5 小時。
3. 烤好的肋排放涼後，塗上芥末以及調味材料，再放入烤箱 180 度烤 30 分鐘。
4. 拿出肋排，塗上 BBQ 醬，再烤至表面呈現焦糖化（約 30 分鐘），重複此動作約 3 次即可。

東門市場三代肉舖接班人的豚食好滋味

培根鯛魚捲
佐橙汁奶油醬

建議份量：2 人
建議料理器具：烤箱 + 炒鍋
料理難易度：★★
料理時間：15 分鐘

 材料

鯛魚 ……………… 1 盒
培根 ……………… 3-4 片
鳳梨 ……………… 半顆
洋蔥 ……………… 1 顆
紅蔥頭末……… 少許
白酒 ……………… 少許

 調味料

橙汁 ……………… 2 顆
奶油 ……………… 5g
鹽 ………………… 少許
胡椒 ……………… 少許

 材料準備

· 鳳梨取果肉、切片。
· 洋蔥去膜後切細末。

 作法

1. 鯛魚上放上鳳梨片及洋蔥後，放上培根包覆。
2. 把步驟 1 放入烤箱 170 度，烤到培根表面焦脆。
3. 取一鍋，放入洋蔥與紅蔥頭以小火炒到透明後加入白酒，轉大火收乾。
4. 加入柳橙汁收汁關火。
5. 奶油慢慢放入攪拌。
6. 以少許鹽、胡椒調味橙汁奶油醬即完成。
7. 取一盤子，將烤好的培根鯛魚捲放上，淋上橙汁奶油醬即可。

 Tips 如果沒有烤箱，用平底鍋將培根鯛魚捲煎熟也可以。

黑胡椒豬肉義大利麵

建議份量：1 人
建議料理器具：水鍋 + 平底鍋
料理難易度：★★★
料理時間：15 分鐘

 材料

松阪豬	175 克
洋蔥	1/4 顆
紅蔥頭	2 顆
蒜頭	2 瓣
紅酒	適量
義大利麵	一人份

 調味料

黑胡椒醬	1 大匙
奶油	5g
巴西里	少許
葡萄果醬	1 大匙
起司粉	適量

 材料準備

· 洋蔥、蒜頭去膜後切成細末。
· 紅蔥頭切細末。

 作法

1. 滾水鍋中加入鹽巴，放入義大利麵煮熟。
2. 炒香洋蔥末、紅蔥末及蒜末；加入松阪豬後轉大火快炒。
3. 加入紅酒收汁；加入少許葡萄果醬後倒入黑胡椒醬。
4. 倒入煮熟的義大利麵攪拌；加入少許奶油調味。
5. 撒上巴西里及起司粉即可。

 Tips
1. 任何果醬都可，為得是取得自然甜味以中和鹹味。
2. 關火後再加入奶油，取得奶油的香味，過度加熱的話會使奶油油水分離。

東門市場三代肉舖接班人的豚食好滋味

蘑菇豬肉
奶油起司燉飯

建議份量：2 人
建議料理器具：平底鍋
料理難易度：★★
料理時間：10 分鐘

 材料

豬肉片 ………… 6-8 片
蘑菇 …………… 4 顆
起司粉 ………… 少許
鮮奶油 ………… 1 杯
白酒 …………… 少許
洋蔥 …………… 半顆
蒜頭 …………… 4 瓣
隔夜飯 ………… 兩人份

 調味料

鹽 ……………… 適量
黑胡椒 ………… 適量

 材料準備

· 蘑菇洗淨後切片。
· 洋蔥去膜後切末。
· 蒜頭去膜後切末。

 作法

1. 小火炒甜洋蔥末及蒜末；加入蘑菇轉中火拌炒後，加入肉片，轉大火炒熟。
2. 加入白酒收汁之後，加入鮮奶油，再倒入白飯熬煮。
3. 白飯吸收湯汁至適當濃稠度後，以鹽及黑胡椒調味。
4. 裝盤，撒上起司粉即可。

 Tips 鮮奶油是為了增添滑順風味，如果沒有不加也沒關係，不建議使用牛奶取代，牛奶太稀太水，也不夠香濃，起不了增添滑順風味的目的。

川味椒麻
豬五花

建議份量：2-3 人
建議料理器具：炒鍋
料理難易度：★★✔
料理時間：20 分鐘

 材料

豬五花片………5-6 片
洋蔥……………半顆
蒜頭……………6 瓣
蔥………………兩把
薑………………1 段
甜椒……………半顆
馬鈴薯…………1 顆
花椒粒…………少許
乾辣椒…………少許
八角……………1 顆

 調味料

辣豆瓣醬………1 大匙
蠔油……………1 大匙
紹興酒…………2 大匙
糖………………1 大匙

 材料準備

· 蒜頭去膜備用。
· 蔥洗淨切段。
· 薑洗淨切 3 片備用。
· 馬鈴薯洗淨去皮切丁。

 作法

1. 取一炒鍋，倒入 2 大匙油，開小火，倒入花椒粒拌炒，約五分鐘後熄火，拿一濾網濾出花椒粒，只留下花椒油。
2. 起油鍋，中火爆香蒜頭、薑片後，放入辣豆瓣醬。
3. 放入馬鈴薯丁、八角及乾辣椒拌炒。
4. 放入肉片，炒熟後加入糖、花椒油適量及紹興酒。
5. 等酒氣散發後加入蠔油。
6. 加入甜椒拌炒後即可。

6-2 創意野餐輕食

　　露營及野餐風潮在這幾年非常盛行，除了可以享受悠閒的氣氛之外，每次都很期待大家用心準備的餐點，不過考慮到方便攜帶、又能久放的小點心，似乎除了三明治、pizza之外，很難再有更多創意餐點。因此特別商請主廚幫忙設計五道簡單料理又方便攜帶的創意輕食小點，成品真的超令人驚豔，趕快學起來，下次野餐時就能端出來跟好朋友分享啦！

日式豬排三明治

建議份量：2 人
建議料理器具：油炸鍋 + 平底鍋
料理難易度：★★✓
料理時間：20 分鐘

 材料

豬里肌	兩片
起司片	兩片
洋蔥	半顆
高麗菜	1/4 顆
番茄	2 顆
雞蛋	2 顆
麵粉	少許
麵包粉	少許
吐司	4 片

 調味料

美乃滋	適量
日式燒肉醬	適量
鹽	少許
黑胡椒	少許
奶油	5g

 材料準備

· 洋蔥去膜切絲。
· 高麗菜洗淨、瀝乾後切絲。
· 番茄洗淨去蒂頭、切片。

 作法

1. 豬里肌先敲打斷筋，以鹽、胡椒調味。然後依序沾上麵粉→蛋液→麵包粉。
2. 取一油鍋，加熱至 170 度後將豬排放入炸至金黃。
3. 取一平底鍋用奶油將吐司煎脆。再把雞蛋煎熟。
4. 在煎脆的吐司上，擺上起司、豬排、洋蔥絲、番茄片及高麗菜絲。
5. 淋上日式燒肉醬及美乃滋，擺上雞蛋，再蓋上一片吐司即可。

墨西哥豬肉 Taco

建議份量：2-3 人
建議料理器具：湯鍋 + 平底鍋
料理難易度：★★★★
料理時間：60 分鐘

 材料

豬腿庫 ………… 1 大塊
洋蔥 ………… 1 顆
蒜頭 ………… 6 瓣
可樂 ………… 1/2 罐
巧克力 ………… 150g
八角 ………… 1 顆
青蔥 ………… 1 把
高湯 ………… 1 罐
墨西哥餅 ……… 2-3 片
香菜 ………… 1 把
番茄 ………… 1 顆
起司絲 ………… 適量
鮮奶油 ………… 少許

 調味料

黑胡椒 ………… 10g
辣椒粉 ………… 5g
孜然粉 ………… 10g
肉桂粉 ………… 5g
義大利香料粉 … 15g
檸檬 ………… 1 顆榨汁

 材料準備

· 洋蔥去膜切塊。
· 蒜頭去膜拍碎。
· 蔥洗淨切段。
· 香菜洗淨取嫩葉。
· 番茄洗淨去蒂頭、切小丁。
· 檸檬洗淨榨汁。

 作法

1. 腿庫先用熱水燙過，撈出後用冷水沖去浮油，再加入洋蔥、大蒜、黑胡椒、可樂、巧克力、辣椒粉、八角、青蔥、孜然粉、肉桂粉、高湯及義大利香料粉，熬煮至軟嫩。（約 1 小時）
2. 鮮奶油加入少許檸檬汁，製作成酸奶油。
3. 墨西哥餅先用鍋子微煎後，放上腿庫，撒上起司，放上酸奶，再放上番茄丁及香菜即可。

 Tips

1. 選用豬腿庫的原因是豬腿庫肉質 Q 彈，口感很棒，也建議可以先用煎的方式，逼出豬肉的油脂與增加香氣後再下鍋滷。
2. 如果沒有墨西哥餅皮，也可使用白吐司煎脆後襯底使用。

東門市場三代肉舖接班人的**豚食好滋味**

異國豬肉沙威瑪

建議份量：2-3 人
建議料理器具：湯鍋 + 平底鍋
料理難易度：★★★★☆
料理時間：醃漬 4 小時 + 烤 2 小時

 材料

梅花豬 ············ 500g
優格 ··············· 1 罐
醬油 ··············· 1 匙
高麗菜 ············ 1/4 顆
洋蔥 ··············· 1/2 顆
蒜頭 ··············· 6 瓣
番茄 ··············· 2 顆
大亨堡 ············ 2-3 個
鳳梨 ··············· 1/4 顆

 調味料

咖哩粉 ············ 10g
蒜香粉 ············ 10g
黑胡椒粉 ········· 5g
孜然粉 ············ 5g
美乃滋 ············ 適量

 材料準備

· 高麗菜洗淨、瀝乾後切絲。
· 洋蔥去膜切絲。
· 番茄洗淨去蒂頭、切片。
· 蒜頭去膜拍碎。
· 鳳梨取果肉切片。

 作法

1. 以優格、咖哩粉、蒜香粉、黑胡椒粉、孜然粉及蒜頭、醬油醃漬梅花豬約 4 小時。
2. 用竹籤插上鳳梨片做底，串上一片一片醃好的梅花豬後，上面再串上鳳梨片。放入烤箱，用 165 度烤約 2 小時。烤好後將豬肉取出、切碎。
3. 取一平底鍋，大亨堡攤開煎脆後，在大亨堡中放入番茄片，再加入烤好、切碎的豬肉，鋪上洋蔥絲及高麗菜絲，最後擠上美乃滋即可。

蔥香豬肉
Quesadillas

建議份量：2-3 人
建議料理器具：平底鍋
料理難易度：★★★★
料理時間：15 分鐘

 材料

豬絞肉 .... 100-150 克
三星蔥 .... 3 把
蒜頭 .... 6 瓣
洋蔥 .... 半顆
蛋餅皮 .... 1-2 片
起司絲 .... 少許

 調味料

辣椒粉 5g
花椒粉 5g
胡椒粉 5g
香油 .... 少許
鹽巴 .... 少許
黑胡椒 5g
美乃滋 .... 適量

 材料準備

· 蔥洗淨後切成蔥花。
· 蒜頭去膜切成細末。
· 洋蔥去膜切成細末。

 作法

1. 炒香洋蔥末至半透明，放入蒜末及辣椒粉至香味出來（約 30 秒）；加入豬肉，大火拌炒至肉熟之後加入蔥花。
2. 以花椒粉、胡椒粉、鹽及黑胡椒調味，關火後淋上少許香油，再拌炒均勻。
3. 取一鍋，把餅皮煎至兩面焦脆。
4. 煎脆的蛋餅皮鋪一層起司後，灑上炒好的肉末，擠上美乃滋，再鋪上起司絲後捲起，放入平底鍋加熱，讓起司融化即完成。

 Tips 墨西哥餅皮在美式大賣場或是進口超市都有販賣，如果沒有墨西哥餅皮，也可使用比較常見的蛋餅皮或是蔥油餅皮喔。

東門市場三代肉舖接班人的豚食好滋味

番茄豬肉捲

建議份量：2-3 人
建議料理器具：平底鍋
料理難易度：★
料理時間：30 分鐘

 材料

聖女番茄…………6 顆
豬五花培根……4-6 片

 調味料

鹽………………少許
孜然粉…………5g
蒜香粉…………10g
白胡椒…………10g
五香粉…………10g
糖………………5g
七味粉…………10g

 作法

1. 將孜然粉、蒜香粉、白胡椒、五香粉、糖及七味粉混和調製。
2. 培根切成三等份，用培根將番茄捲起，插上牙籤固定，再撒上混合好的調味粉。
3. 放入烤箱 175 度，烤約 25 分鐘即可。

一起野餐吧！

東門市場三代肉舖接班人的豚食好滋味

東門市場美食地圖

金山南路一段111巷

金山南路一段131巷

信　義　路　二　段

'79

巷

金山南路一段143巷

●利隆餅店

●
7-ELEVEN

金山南路一段110巷

●魚バカ壽司

東門信義
肉舖1號店

●
江記東門豆花

興記點心 ●

●羅媽媽米粉湯

●黃媽媽米粉湯

東門鴨莊 ●

●東門彈子房ice

金
山
南
路
一
段

信　義　路

東門市場範圍

金山南路一段89巷

● 馬叔餅舖

金山南路一段123巷

臨

金山南路一段129巷

● 東門赤肉羹

● 萬國肉店　● 東門信義
　　　　　　　肉舖2號店

沂

● 東門熱生
　鮮蔬果

● 雅方福州魚丸店

● 土狗幫熱炒
　燒烤店

新
生
南
路
一
段

臨沂街60巷

街

臨沂街66巷

● 湯圓大王

● 東門鵝肉攤

● 捷運東門站
　1號出口

● 聯邦商業銀行

段

 永康街 →

鼎泰豐 →

台北市中正區臨沂街60巷3號
營業時間：03:30~12:30
推薦餐點：牛肉乾、牛肉丸、炒牛肉片、
　　　　　肉絲

獨家 ⭐ 優惠

牛肉乾、牛肉丸，半斤折抵20
元，每人每樣商品限折抵一次。

（有效期限2018.09.05~2019.03.05）

已兌換
☐

東門熱
東門熱生鮮蔬果
台北市中正區臨沂街73-2號
營業時間：週二~週日，08:30~13:00

獨家 ⭐ 優惠

出示書籍中此優惠頁面，消費
滿百元，贈送一顆洋蔥，每本
書僅限用一次。

（有效期限2018.09.05~2019.03.05）

已兌換
☐

 東門彈子房
台北市信義路2段87-4號
營業時間：週二~週五10:00-19:30
　　　　　週六、週日10:00-18:00
推薦餐點：傳統口味、花生、芋頭、
　　　　　當季水果

獨家 ⭐ 優惠

帶書來店消費並打卡（寫評論
也可以），或tag「#東門彈子
房ice」在任一社群網站或是
google評論，即享有買一送一
優惠。

（有效期限2018.09.05~2019.03.05）

已兌換
☐

台北市大安區新生南路一段147-2號
電話：02-27550068
營業時間：17:00~01:00

獨家 ⭐ 優惠

出示書籍中此優惠頁面，即贈
送當日店家推薦菜乙盤。

（有效期限2018.09.05~2019.03.05）

已兌換
☐

秋吉串燒（林森本店）
台北市中山區林森北路502號
電話：02-25417977
營業時間：11:30~14:00，17:30~01:00
※店內使用的豬肉即是東門信義肉舖的新鮮好豬喔！

獨家 ⭐ 優惠

於林森本店消費滿千，即贈一
客蔥燒豬肉串燒。

（價值130元）

（有效期限2018.09.05~2019.03.05）

已兌換
☐

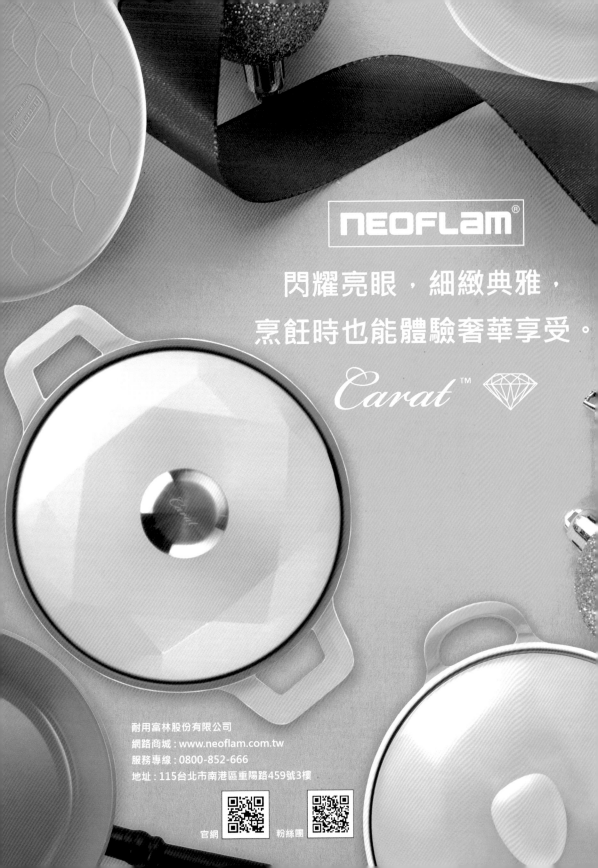

NEOFLAM®

閃耀亮眼，細緻典雅，
烹飪時也能體驗奢華享受。

Carat™

國家圖書館出版品預行編目資料

東門市場三代肉舖接班人的豚食好滋味 / 采婕著. -- 初
版. -- 臺北市：春光, 城邦文化出版：家庭傳媒城邦分公
司發行, 民107.08
　　面；　公分
ISBN 978-957-9439-41-1(平裝)

1.肉類食譜 2.烹飪

427.211　　　　　　　　　　　107012098

東門市場三代肉舖接班人的豚食好滋味

作　　　　者／采婕Charlene
企劃選書人／張婉玲
責 任 編 輯／張婉玲

版權行政暨數位業務專員／陳玉鈴
資深版權專員／許儀盈
行 銷 企 劃／周丹蘋
業 務 主 任／范光杰
行銷業務經理／李振東
副 總 編 輯／王雪莉
發 行 人／何飛鵬
法 律 顧 問／元禾法律事務所 王子文律師
出　　　　版／春光出版
　　　　　　　城邦文化事業股份有限公司
　　　　　　　台北市104民生東路二段141號8樓
　　　　　　　電話：(02)25007008　傳真：(02)25027676
　　　　　　　網址：www.ffoundation.com.tw
　　　　　　　e-mail：ffoundation@cite.com.tw
發　　　　行／英數蓋曼群島商家庭傳媒股份有限公司城邦分公司
　　　　　　　台北市104民生東路二段141號11樓
　　　　　　　書虫客服服務專線：(02)25007718・(02)25007719
　　　　　　　24小時傳真服務：(02)25170999・(02)25001991
　　　　　　　服務時間：週一至週五09:30-12:00・13:30-17:00
　　　　　　　郵撥帳號：19863813　戶名：書虫股份有限公司
　　　　　　　讀者服務信箱Email：service@readingclub.com.tw
　　　　　　　歡迎光臨城邦讀書花園 網址：www.cite.com.tw
香港發行所／城邦（香港）出版集團有限公司
　　　　　　　香港灣仔駱克道193號東超商業中心1樓
　　　　　　　電話：(852)25086231　傳真：(852)25789337
　　　　　　　e-mail：hkcite@biznetvigator.com
馬新發行所／城邦（馬新）出版集團
　　　　　　　【Cite(M)Sdn. Bhd】
　　　　　　　41, Jalan Radin Anum, Bandar Baru Sri Petaling,
　　　　　　　57000 Kuala Lumpur, Malaysia.
　　　　　　　Tel: (603)90578822　Fax: (603)90576622

美 術 設 計／走路花設計工作室
攝　　　　影／子宇影像工作室・徐榕志
攝 影 助 理／子宇影像工作室・蕭建原
外 景 攝 影／慕熙
繪　　　　圖／Clean Clean
印　　　　刷／高典印刷有限公司

2018年（民107）8月30日初版　Printed in Taiwan

城邦讀書花園
www.cite.com.tw

售價／399元

104 台北市民生東路二段 141 號 11 樓
英屬蓋曼群島商家庭傳媒股份有限公司
城邦分公司

請沿虛線對折，謝謝！

愛情・生活・心靈
閱讀春光，生命從此神采飛揚

春光出版

書號： OS2015　　　書名：東門市場三代肉舖接班人的豚食好滋味

讀者回函卡

獨家 **NEOFLAM®** *Be your friend* 「CARAT 系列陶瓷不沾平底鍋」回函卡抽獎活動！

即日起至 2018 年 12 月 01 日午夜 12 點止，只要將本書回函卡寄回春光出版，就可參加由春光出版主辦，Neoflam 贊助的「CARAT 系列陶瓷不沾平底鍋（28cm Tiffany 藍）」抽獎活動，限額 5 名，行動要快哦！得獎名單將於 2018 年 12 月 15 日公布於春光出版粉絲團，敬請鎖定最新的資訊更新。

春光出版粉絲團：https://www.facebook.com/stareastpress/

備註：1. 本活動限台、澎、金、馬地區讀者。2. 春光出版保留活動修改變更權利

NEOFLAM® *Be your friend* 閃耀亮眼，細緻典雅，烹飪時也能體驗超奢華享受

官網　　粉絲團

Carat™

· 韓國 Neoflam 鍋具採用 Ecolon 陶瓷塗層，來自天然礦物與砂石，不會產生雙酚 A、PFOA 和 PFOS，不含致癌物質 PTFE，對環境及人體無害。通過 SGS 檢驗認證無鐵氟龍成分，絕對安全健康。
· 一體成形鑄造合金含鈦材質，導熱快蓄熱佳，小火烹煮即可達到絕佳效果，營養不流失，更節能減碳愛環保。
· 耐高溫材質可達 400 度，鍋具受熱迅速均勻。
· 兼具了藝術以及實用性，榮獲德國紅點設計大獎！

姓名：＿＿＿＿＿＿＿＿＿＿＿　生日：＿＿＿＿年＿＿＿＿月＿＿＿＿日
地址：＿＿＿＿＿＿＿＿＿＿＿　性別：□男 □女
電話：＿＿＿＿＿＿＿＿＿＿＿　E-mail：＿＿＿＿＿＿＿＿＿＿＿

● 您從何種方式得知本書消息？
　　□書店　□網路 □報紙 □雜誌 □親友推薦 □其他＿＿＿＿＿＿＿＿＿＿＿
● 您通常以何種方式購書？
　　□書店　□網路 □超商 □其他
● 您購買本書的原因是？（可複選）
　　□書封吸引　□作者粉絲　□內容精彩　□價格合理　□抽獎活動

謝謝您購買我們出版的書籍！請費心填寫此回函卡，我們將不定期寄上城邦集團最新的出版訊息。